轻松学烘焙

80 款零失败经典配方　随时可以制作的手工糕点

轻松享受幸福烘焙时光

U0209739

四川科学技术出版社

图书在版编目（CIP）数据

轻松学烘焙 / 王继惠编著. -- 成都：四川科学技术出版社，2016.11
ISBN 978-7-5364-8460-3

Ⅰ.①轻… Ⅱ.①王… Ⅲ.①烘焙－糕点加工 Ⅳ.①TS213.2

中国版本图书馆CIP数据核字(2016)第237467号

轻松学烘焙
QINGSONG XUE HONGBEI

出 品 人：钱丹凝
编 著 者：王继惠
责 任 编 辑：梅 红
封 面 设 计：李明宇
版 面 设 计：王 艳
责 任 出 版：欧晓春
出 版 发 行：四川科学技术出版社
　　　　　　地址：成都市槐树街2号 邮政编码 610031
　　　　　　官方微博：http://weibo.com/sckjcbs
　　　　　　官方微信公众号：sckjcbs
　　　　　　传真：028-87734898
成 品 尺 寸：170mm×230mm
印 　 张：12.5
字 　 数：340千
印 　 刷：北京尚唐印刷包装有限公司
版次 / 印次：2016年11月第1版 2016年11月第1次印刷
定 　 价：32.80元

ISBN 978-7-5364-8460-3
本社发行部邮购组地址：四川省成都市槐树街2号
电话：028-87734035 邮政编码：610031

轻松学烘焙

我觉得对于喜欢烘焙的朋友来说，最重要的一点是不过于费时费力，利用手边的原料就能做出健康美味的手工点心，轻轻松松享受烘焙带来的乐趣。烘焙本身是一件非常有意思的事情，当面粉、黄油、砂糖、鸡蛋这些朴素的原料经过搅拌、融合、烘烤后发生神奇的变化，当你紧张地祈祷面糊或面团能够顺利地膨胀，当烤好的作品或失败或成功带给你的或忧或喜的心情时，这些都仿佛是烘焙向你施予的魔法，让你念念不忘的魔力。

家庭手工烘焙，比外观更重要的是口感和风味，好吃的饼干或者美味的蛋糕可以让人在精神紧张时得到放松，可以在特殊的日子里向家人和朋友表达爱和感动，因为爱就在味道里。当你熟练地驾驭味道以后，你就可以在造型上下更多的功夫，让你的烘焙作品好吃好看令人赞叹，那时候你会收获更多的自信和喜悦。

这是一本还算有趣的烘焙书，一起分享可爱的小饼干、充满风味的蛋糕和朴实但味道不坏的面包的做法，没有高大尚，易购买的原材料和翔实的操作说明，从简单的饼干或者蛋糕开始，轻松开启你的烘焙之旅吧。烘焙虽然没有那么简单，但也绝没有那么难，不断尝试后你或许会不再满足于食谱的做法和味道，开始思考自己喜欢的口感，并实行改良，那时候就会让这份轻松和美味更上一层楼。

继惠
2016年11月

目　录

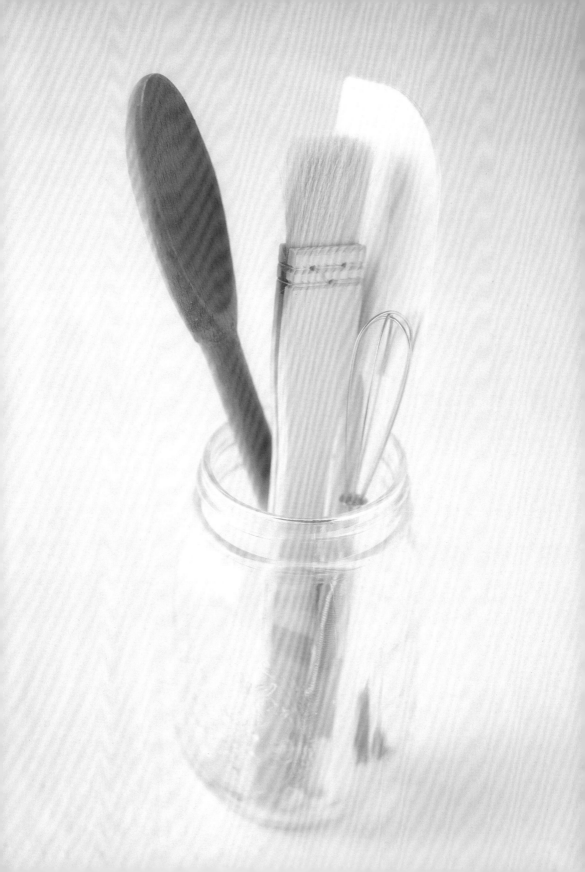

第 **1** 部分

烘焙前的准备

在开始烘焙之前准备一些称手的工具、了解烘焙材料的特性，过程中养成好的烘焙习惯，才不会被烘焙中发生的状况搞得手忙脚乱，让烘焙时光更加轻松！

刮刀

不论是搅拌材料，还是将面糊转移到模具中，或者将粘在碗内的材料刮干净时，刮刀都是不可缺少的一样工具。刀面和手柄一体的硅胶刮刀，既能保持清洁，耐高温能力又强，值得推荐

手动打蛋器

用于搅拌液体材料，打发奶油、黄油时使用。根据搅拌盆的大小和自己使用的感受选择准备1～2只。如果是用于搅拌面糊，建议不要选择金属丝太密的，这样不容易混合

手持电动搅拌器

手持电动搅拌器对于家庭烘焙非常重要，因为有些材料的打发完全用手动的话，对臂力是一种挑战，但是手持电动搅拌器就能轻松、快速完成搅拌，所以是一件必不可少的工具。手持电动搅拌器最好选择功率大、叶片为扁平状的

料理盆

拌和、搅打材料时离不开料理盆，选择不锈钢或者玻璃材质的都可以，适当的深度可以防止搅拌过程中材料飞溅

筛网

常用于过筛粉类，因为烘焙过程中经常要将一些原料筛到搅拌碗中，因此筛网不宜太大，轻巧、方便最好。过筛像面粉或其他较细的粉类时要用细孔筛，过筛杏仁粉等较大颗粒的粉类时，要用粗孔筛

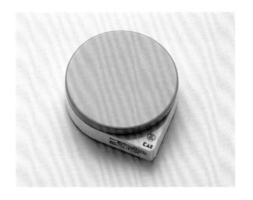

电子称

烘焙菜谱的计量单位都是克（g），这就要求有一台轻巧方便又精准的电子称，养成开始制作一款点心前就把材料称量好的习惯

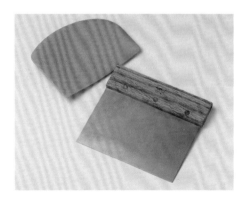

刮板

切割面团、刮拢面团，将材料整出形状，或者抹平平面时使用

裱花嘴

用于挤奶油、曲奇的面糊，或者果酱等。粗细不一的圆形裱花嘴可以用来写字或者做泡芙或者圆形饼干，齿形花嘴通常用来做造型

毛刷

在面团表面刷蛋液或者水，或者给烤好的蛋糕刷糖浆时使用

量杯 / 量勺

量杯通常用来测量液体。量勺通常用到的是大匙和小匙

烘焙纸

俗称油纸，是铺垫在烤盘或者模具里的衬纸。油纸呈半透明状，具有吸收油脂、防止粘黏的作用。烹调前将烹调纸垫于食物与容器间即可

● 模具

蛋糕模

蛋糕模具的种类比较多，常见的材质有铝合金、硅胶、钢、铁等。家庭烘焙用的比较多的是铝合金材质的。铝合金材质又分为硬模、阳极、阴极和无镀膜。硬模、阳极和阴极都是金属镀膜的方法，工艺的好坏依次为硬模、阳极、阴极、无镀膜。阳极的应用范围比较广，而硬模一般是表面不沾的。芝士蛋糕、磅蛋糕用不沾模脱模更方便，而像戚风蛋糕、海绵蛋糕这样需要附着在模具壁上攀爬的蛋糕，就需要使用阳极模具

杯子蛋糕模和黄油蛋糕模

制作杯子蛋糕可以使用小蛋糕模或者连模，为了方便脱模，最好在金属蛋糕模中垫纸质蛋糕模。做黄油蛋糕一般使用长方形的磅蛋糕模，也可以使用中空的咕咕霍夫模

派盘

制作派类点心的必备。对于挞、派这种不能翻转的甜点，最好使用活底的派盘，尺寸根据个人需要选择即可

原料的准备

● 面粉

高筋面粉：面粉中蛋白质含量约为 11% ~ 13% 左右，因为筋度高，所以能做出松软的口感。多用来制作面包，如用手捏成一团，手一张开即会松散开。

中筋面粉：面粉蛋白质含量约 9% ~ 11% 左右，一般用来制作包子、馒头、各种中式面食点心级派皮等。

低筋面粉：面粉蛋白质含量约 7% ~ 9% 左右，因为筋度低，所以能做出松软的口感，一般用来制作蛋糕及饼干，当捏在手中时会成团，不易松散。

● 糖

糖是制作西点蛋糕中必不可少的材料之一，糖在烘焙中的作用：

1. 增加制品甜味，减少蛋的腥味，使成品味道更好。

2. 在烘烤过程中，蛋糕表面会变成褐色并散发出香味，使成品颜色更漂亮。

3. 填充作用，在搅打过程中，帮助全蛋或蛋白形成浓稠而持久的泡沫，也能帮助黄油打成膨松状的组织，使面糊光滑细腻，产品柔软，这是糖的主要作用。

4. 保持成品中的水分，延缓老化。

细白砂糖：在烘焙中最常用的糖，比一般砂糖更细，比较适合制作西点蛋糕，因为它与面糊搅拌时较易溶解均匀，并能吸附较多油脂，乳化作用更好，可以产生较均匀的气孔组织以及较佳的容积量。

黄砂糖：提炼出细白砂糖或白砂糖之后，将剩下的糖液煮干就是黄砂糖，黄砂糖有特别的焦香味。

糖粉：由糖经过研磨成粉状，一般糖粉内均加入约 3% 的淀粉防止结块，用于表面装饰或较松软的西点。

蜂蜜：是一种含果糖及葡萄糖等单糖的天然糖浆，风味特殊，有保温作用。加入蜂蜜的蛋糕种类很多，比如蜂蜜蛋糕等等。

● 黄油

制作甜点使用的都是无盐黄油。为了健康和成品的口感，最好使用品质好的动物性黄油。黄油影响甜点的口感，使用的黄油越多，口感越酥脆。黄油比较容易变质，用不完的黄油最好包裹好，放到冰箱冷冻室保存，使用前拿出来恢复到室温即可

● 奶和奶油

牛奶：为面团增加口感和湿润度，选用全脂或低脂都可以。

淡奶油：为甜品增加口感或者打发作为夹馅或装饰。淡奶油要选动物性淡奶油，脂肪含量在 33% 以上的为佳。如果没有特别标注，淡奶油可以直接取出使用，不用事先恢复到室温

干酵母（Dry Yeast）：酵母有鲜酵母和干酵母，我们平常用到最多最方便的是干酵母。酵母是一种天然的微生物，在一定的环境下会大量繁殖，和面时加入，会分解产生二氧化碳气泡，让面团疏松多孔，味道层次更加丰富。酵母应该放在不透光的容器中，冷藏保存

泡打粉（Baking Powder）：泡打粉其实是小苏打和玉米淀粉混合酸性物质组成的。泡打粉会在加入水和升温时开始反应，淀粉吸收水分，给烘焙中的材料增添后续的膨发动力。泡打粉相对于酵母和小苏打，发起效果会更为快速和稳定。泡打粉常用于蛋糕面团、面糊中，使蛋糕组织有弹性，防止气室互相粘黏，蛋糕组织更加细密。购买时建议选择无铝泡打粉

小苏打（Baking Soda）：小苏打为碳酸氢钠，呈细白粉末状，遇水和热或与其他酸性中和，可放出二氧化碳。条件受限的以前，曾被用做馒头、花卷的发酵，但由于小苏打的化学属性属于弱碱性，因此如果用于发酵面团会带有一股碱味。现在小苏打更多被用于酸性较重的蛋糕及小西饼中，让其更酥脆，或者在巧克力点心中使用，可酸碱中和，使产品颜色较深

奶粉：用于饼干、面包、蛋糕中以增加风味。

杏仁粉：杏仁粉是由巴旦木（俗称大杏仁）的果实研磨成的粉末，风味较为温和，口感比较柔滑。

可可粉：去除巧克力中的油脂研磨制成的粉状，可混合在饼干、蛋糕或撒在西点蛋糕表面增加风味及装饰。

抹茶粉：是采用幼嫩茶叶经脱水干燥后，在低温状态下将茶叶瞬间粉碎成200目以上的纯天然茶叶超微细粉，常用在蛋糕、面包、饼干或冰淇淋中以增加产品的风味。抹茶粉不仅能给甜品带来特殊的味道，还能带给甜品具有感染力的颜值。建议购买品质优良的抹茶粉，因为品质优良的抹茶粉的使用效果与普通抹茶粉是相差千里的。抹茶粉开封后要密封好，放在冰箱冷藏或冷冻保存，以免受潮

马斯卡彭奶酪（Mascarpone Cheese）：是一种将新鲜牛奶发酵凝结，继而取出部分水分后所形成的"新鲜奶酪"。其固形物种乳酪脂肪成分80%。软硬程度介于鲜奶油与奶油乳酪之间，带有轻微的甜味及浓郁的口感。制作提拉米苏离不开马斯卡彭奶酪。使用前需要从冷藏室取出回软。

奶油奶酪（cream cheese）：一种未成熟的全脂奶酪，其脂肪含量可超过50%，色泽洁白，质地细腻，口感微酸，是制作芝士蛋糕的主要材料。奶油奶酪不能放在冷冻室保存，只能放在冷藏室保存，因为易坏，所以开封后要尽快食用完。使用前需要从冷藏室取出回软

香草豆荚（Vanilla Bean）

天然的香料，给甜品增加香味时使用。豆荚的使用很简单，通常是将豆荚剖开刮出香草籽，按要求操作，使用香草籽，还是连豆荚壳一同使用。用过的豆荚壳不要丢弃，将它洗干净后放在烤箱中低温烤一小会儿，或是晾晒干燥。将干了的豆荚壳放入细砂糖罐中，密封窖制就成了香草糖。豆荚不可存放在冰箱内，建议存放在密封容器内，置于阴凉处或黑暗的地方

养成烘焙好习惯

● 熟悉方子

开始烘焙前要把方子阅读一遍，把整个烘焙流程在脑子中想一遍，把需要恢复室温的用料如黄油、鸡蛋等，提前拿出来。然后把材料准确的称量出来备用，这样才能在制作时一气呵成，不至于手忙脚乱一团糟。

● 烤箱预热

对于烘焙新手来说最容易犯的错误就是烤箱不预热就直接使用。根据自家烤箱的特点，在烘焙前15～20分钟开始预热，烤箱预热时要比目标温度高10℃～20℃，这是因为烤箱门打开的一瞬间，烤箱内的温度会骤降，要经过5分钟左右才能恢复。本书方子中提到的预热温度为烘焙温度，预热时请自行调整到合适的温度。另外，每家烤箱的脾气都不一样，给出的烘烤温度只是建议，请根据自家烤箱调整温度。

Tips：成品烤制的时间跟面糊的深度有关，同样体积的蛋糕，厚实的蛋糕需要更长的时间。

● 准备烤盘、模具

如果是直接放在烤盘里烘烤的饼干、面包，需要事先在烤盘中垫好烘焙纸。如果是需要脱模的蛋糕，需要在蛋糕模中垫上垫纸和围边。或者在模具内侧涂黄油撒面粉。

Tips: 如果使用烤小蛋糕的连模时，蛋糕面糊不够，而导致有空模时，最好在空模中加上水，以保证模具的使用寿命。

● 了解配方比例

掌握配方比例可以让你在烘焙时更加游刃有余，也更容易成功。

戚风蛋糕
面糊的粘稠度对戚风蛋糕的成败有很大影响，面粉和液体（包括牛奶、黄油、蛋液等总和）之间的比例在 0.55 ~ 0.65 之间就可以烤出相对完美的戚风蛋糕了，即面粉 /（牛奶、黄油、蛋液）≈0.6。当然只是相对完美，因为不排除其它因素导致的不完美。

海绵蛋糕
海绵蛋糕的基本配料鸡蛋、砂糖、面粉、油脂的比例为 2：1：1:0.16，即 1 个鸡蛋（60g 左右），加 30 克砂糖、30 克面粉和 10 克油，如果你要烤制一个 8 寸的蛋糕，就需要大概 3 倍的这样一个量。

磅蛋糕
面粉、油脂、鸡蛋、糖的比例为 1:1:1:1，即每种原料为总和的 1/4。

饼干
面粉、油脂、水的比例一般为 3:2:1，当然这不是绝对的，因为曲奇和切割饼干的软硬度就不同，所以这个比例只是基础。

面包
面粉和液体的比例通常是 5:3，只是面粉，不包括酵母、盐、糖在内的其他材料。

● 了解模具的容量

了解使用模具的容量可以让你正确地判断出需要准备的面粉糊的量。对于长方体、正方体、圆柱体的模具，只要按照"长 × 宽 × 高"或"半径 × 半径 ×3.14× 高"的公式算就可以了。如果是不规则的模具，可以通过往模具中倒水的办法，通过模具能盛下多少毫升的水就可以知道模具的容量了。

Tips: 对于海绵蛋糕、戚风蛋糕、轻乳酪蛋糕、纸杯蛋糕等受热膨胀的蛋糕，倒入模具的面糊分量为模具容量的 80% 即可。

● 烘焙中的小经验

市售的普通鸡蛋（个头较大的那种），一般蛋黄 20g 左右，蛋白 40g 左右。

用橙子皮或橘子皮装饰时，只用表皮即可，不要用内层白色部分，因为白色部分会带来苦味。如果使用大杏仁、榛子等坚果来给饼干、蛋糕添加风味，使用前一定要先经过烘烤，再混入，如果只是撒表面则可直接使用。

新鲜的用料会给成品带来更为新鲜和香甜的味道，家庭烘焙建议不要买太大包装的材料，特别是像奶酪、淡奶油等乳制品。一次用不完的材料也要做好冷藏保鲜，并尽快用完。

用应季的食材为甜点增加风味和颜色。在水果上市的季节，制作杏酱、草莓酱、柠檬、糖渍草莓、糖渍金桔……这些都能让你制作的甜品有你的特点和味道。

● 材料打发

黄油打发

打发的黄油通常来制作饼干、重油蛋糕、挞、派等，打发黄油的重点在于使黄油饱含空气，并使黄油和鸡蛋混合均匀，打发的黄油可以使饼干更加酥脆，蛋糕体积变大，组织更细腻。

黄油在室温下软化，先用硅胶刀把黄油按压碾碎，然后加入白砂糖或者糖粉，用硅胶刀粗粗地搅拌至糖油融合（直接用电动搅拌机会使粉末飞溅），再用电动搅拌器搅打至颜色变白、体积蓬发。

如需要加入蛋液或其他含有水分的材料，要分次加入每一次都是液体与黄油充分融合再加入下一次，使油和水"乳化"，这样才能使成品口感细腻、湿润。如果直接加入冰箱中冷藏的鸡蛋或一次性加入太多蛋液，会造成油水分离的状态。

黄油打发

蛋白八分发

蛋白打发

蛋白的打发通常用来制作戚风蛋糕、芝士蛋糕等。蛋糕能顺利膨胀、松软的主要原因在于蛋白打发。蛋白含有一种减弱表面张力的蛋白质，将空气搅打产生泡沫，从而增加表面积。将蛋白放入无油无水的料理盆中，放入冰箱冷藏室冷藏一段时间。打发蛋白时可以先在蛋白中加入一些柠檬汁。先用电动搅拌器的低速把蛋液打出粗大的气泡，加入 1/3 的砂糖。然后将搅拌器调至中速，搅打 1 分钟，当蛋白气泡变得细小，体积变成 2 倍大时再加入 1/3 砂糖。这时调至高速，搅打 1 分钟，出现一些纹路时，提起搅拌器，蛋白会出现下垂状的弯钩，此时为八分发，称为湿性发泡，适合做轻乳酪蛋糕。加入剩下的 1/3 砂糖，继续搅打 1 分钟，打的时候会发现蛋白越来越硬挺，提起搅拌器，蛋白可直立，尖峰向下略弯。此时为九分发，称为中性发泡。继续打 1 分钟，至蛋白呈略短的直立状态，此时是十分发也就是硬性发泡。

蛋白九分发

蛋白十分发

全蛋打发

这是制作海绵蛋糕的打发方式，全蛋和砂糖一同搅打起泡。全蛋打发时需要隔水加温至 40℃，打至蛋液体积膨胀后，分 3 次加入砂糖，继续搅打。打发的理想状态是用打蛋器挑起蛋液，蛋液泡沫丰富粘稠，不会滴下来。

淡奶油打发

淡奶油打发后内部充满空气，体积膨胀，由液态变为固态。这时可以用于裱花或者做成各种馅料。淡奶油在打发之前要经过冰箱冷藏，冷藏时间不少于 12 小时。使用前摇匀再倒出。因为高速打发会产生热量，造成奶油不光滑。隔冰水打发的奶油状态顺滑紧实，稳定性更好。因为奶油所含的乳脂不同，打发所需要的时间也会不同，乳脂越高的奶油越容易打发。打发的奶油用不完可以用密封容器装好，放入冰箱冷藏室，并尽快在两三天内用完。否则很快就会变得粗糙。

第 **2** 部分

零失败饼干

饼干应该算是烘焙中，最简单、方便的一种了。只要注意细节，用心操作，都可以轻松做出美味的饼干！手工制作的饼干，既健康又别致，作为孩子和家人的小零食，或者包装一下，作为送给朋友的礼物，满满的都是心意！

饼干的种类

● 面糊类：

油分或液体含量高，拌和后无法直接用手接触，需借助汤匙或裱花袋塑型。制作好的饼干口感酥松。借助于汤匙塑形的饼干不用刻意地做造型，随性又容易上手操作。相对来说，借助于裱花袋和裱花嘴塑形的挤花曲奇要难操作一些，因为既需要手部力量又需要技术，只能通过不断的练习来提高熟练度了。

● 面团类：

拌和后较为干硬，可塑性强，可以制作出不同的造型。可以经过冷藏松弛后直接塑形，或者经过冷冻后切割塑型。这类饼干质地较为脆硬，也更容易保存。一次烘烤不完，也可以将面团保存在冰箱冷冻室里，烘烤前只要取出回温至可以塑形即可。

饼干好吃的秘密

【蛋退冰】

冷藏在冰箱的鸡蛋，要放置到室温的温度再使用，不然不容易和其它材料结合，如果温度太低，会影响打发的效果，做出来的饼干组织就不太好。

【粉类过筛】

制作饼干的低筋面粉，因为蛋白质含量较低，比较容易结块，将粉类过筛是为了避免结块。

【黄油软化】

黄油冷藏或冷冻后，质地会变硬，如果在制作前没有事先回复到室温的话，将会很难打发，黄油打发后才适合与其他粉类搅拌。

【分次加入蛋液】

蛋液要分次加入，且每次加入后都要搅打至蛋液与黄油融合，再加入下一次，否则一次性加入容易出现水油分离现象。

【用切拌的手法搅拌】

当干性材料筛入黄油糊之后，切不可用橡皮刮刀一直画圈搅拌，以免面糊出筋。正确的方法是利用刮刀做切、压、刮的拌和动作。

【形状一致】

饼干塑型时尽量要求外观、大小、厚度一致。这样才能保证烘烤过程中受热均匀。

【正确的的烘烤】

烤箱提前 10 ~ 20 分钟预热。家庭烘烤饼干如果拿不准温度，宁可把温度调低一点，把时间延长一些，避免高温瞬间上色，而内部未熟透。烘烤时间也要根据自家烤箱和饼干的状态调整。如果出炉后觉得不够酥脆，可以用低温继续烘烤几分钟来改善。

饼干的赏味与保存

家庭手工制作的饼干，出炉冷却后是最佳赏味的时间，那时饼干的酥、脆、松、香完全体现出来，是最好吃的时段。

饼干冷却后，应该尽快装入密封盒、密封罐或者保鲜袋内，避免吸收空气中的水分而变软。手工制作饼干因为不像市售饼干一样添加防腐剂等添加剂，所以保质期为 8 天左右。如果吃的时候觉得饼干回软，可以用烤箱低温烘烤一下，就会恢复原有的口感了。

草莓果酱饼干

给普通的黄油饼干来个华丽的变身，让它拥有更别致的造型和口感。

用料：

低筋面粉 / 190g
杏仁粉 / 50g
无盐黄油 / 110g
鸡蛋 / 1 个（约 60g）
白砂糖 / 50g
泡打粉 / 2g
盐 / 1g
香草精 / 5g
自制草莓酱 / 80g
糖粉（装饰用） / 少许

制作方法：

① 黄油在室温下软化后加入白砂糖，搅打至蓬松发白。分三次加入打散的蛋液，每加一次都要搅打至黄油和蛋液完全融合后再加入下一次的蛋液。之后加入香草精搅拌均匀。

② 低筋面粉、杏仁粉、泡打粉和盐混合均匀，筛入黄油中，用硅胶刀翻拌至没有干粉，不要过度翻拌，只要没有干粉即可。然后分成两份，团成团，用保鲜膜包起来，压扁，放入冰箱冷藏室冷藏 1 小时使面团放松。

③ 取出一份面团，擀成 3mm 厚的面片，用花型模子切割成饼干坯，码在烤盘中。

④ 烤箱 180℃预热。将烤盘移入烤箱烘烤 18 分钟左右，取出放在晾晒网上冷却。

⑤ 烘烤第一份饼干的同时取出另一份面团，同样擀成 3mm 厚的片，用花型模子切割刻成饼干坯后，再用小型花瓣模子（或其他形状的小模子）在坯子的中心切割出中空的花型，也码在烤盘中。切割下来的花瓣形小片也码入烤盘，烤好后也非常可爱。

⑥ 烤盘放入烤箱烘烤 18 分钟左右，取出冷却后撒上一些糖粉。

⑦ 取一片完整的饼干坯，中间涂上草莓果酱，然后将中空的饼干坯与之对合即可。

Tips

自制草莓酱：草莓去蒂洗净，沥干水分，放入小锅中，撒上白砂糖，用手稍微抓一抓，静置 1 小时，然后开小火慢慢熬制，待熬出胶质，挤入柠檬汁，继续熬 10 分钟即可。或者用市售的草莓酱或其他果酱代替也没问题。

蓝莓可球

杏仁粉和肉桂粉的加入增加了这款饼干的风味，有种回味悠长的感觉。

用料：

无盐黄油 / 80g
低筋面粉 / 120g
杏仁粉 / 50g
白砂糖 / 35g
肉桂粉 / 1/2 小匙
盐 / 1 小撮
泡打粉 / 1/4 小匙
蛋黄 / 1 个
蓝莓果酱 / 30g

制作方法：

① 黄油在室温下软化后，加入白砂糖，搅打至蓬松发白。

② 分次加入蛋黄液，每加一次都搅打至完全融合后再加下一次。

③ 将低筋面粉、杏仁粉、肉桂粉、泡打粉、盐混合均匀，筛入黄油糊中，用橡皮刮刀切拌均匀，只要没有干粉即可。团成团，用保鲜膜包起，放入冰箱冷藏 30 分钟。

④ 取 15g 左右的面团团成扁圆形的团，码在烤盘中，用食指在面团中间压一个凹。用小匙舀适量的蓝莓果酱，填在凹里。

⑤ 烤箱 180℃预热。将烤盘移入烤箱，烘烤 20 分钟左右至轻微上色即可。

Tips

面团有点裂纹是正常的，不要在意。
填充的果酱也可以根据自己的口味调整。

蔓越莓奶酥

之所以叫奶酥是因为它吃起来真的很酥，有了蔓越莓的加入，在奶香丰盈的同时，还增添酸甜的味道。

用料：

低筋面粉 / 200g
蛋黄 / 3 个
蔓越莓干 / 50g
奶粉 / 15g
无盐黄油 / 110g
细砂糖 / 35g

制作方法：

① 软化的黄油切成小块，搅打一下，加入细砂糖，打发至体积蓬松、颜色略变浅。

② 分次加入打散的蛋黄，每次都搅打至蛋黄与黄油完全混合均匀后再加入下一次的蛋黄。

③ 低筋面粉和奶粉混合，筛入到黄油中，搅拌均匀，不要过度搅拌，没有干粉即可。

④ 倒入切碎的蔓越莓干稍微拌匀，揉成一个均匀的面团。

⑤ 将面团擀成厚约 1cm 的片，再切成小方块，码入烤盘。在切好的饼干表面刷蛋黄液（用料外）。

⑥ 烤箱 180℃预热。烤盘移入烤箱烘烤 15 分钟，至表面金黄色即可。

Tips

这款饼干非常容易上色，烘烤时要特别注意，可以适当调低上火，以免烤糊。

猫头鹰饼干

可爱的猫头鹰饼干是妈妈的法宝哦，和宝宝一起享受亲子烘焙的乐趣吧！

用料：

无盐黄油 / 100g
白砂糖 / 80g
鸡蛋 / 1个（约60g）
低筋面粉 / 190g
可可粉 / 7g
香草精 / 1茶匙
盐 / 1小撮
去皮巴旦木 / 10粒
水滴形巧克力 / 20粒

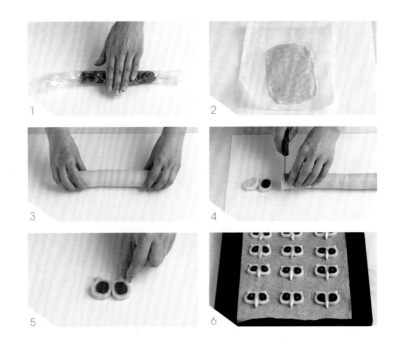

制作方法：

① 黄油在室温下软化后，分次加入白砂糖搅打至蓬松发白。分次加入打散的蛋液搅打均匀，每次都使黄油和蛋液完全融合后再加入下一次的蛋液。

② 黄油中筛入低筋面粉和盐，加入香草精，搅拌均匀至没有干粉。其中2/3团成原色面团。另外1/3，加入可可粉，搅拌成巧克力色面团并搓成圆柱状。

③ 将两份面团都用保鲜膜包裹好放入冰箱冷藏1小时。

④ 冷藏后的面团取出，将原色面团擀成3mm厚的片状，宽度以能包裹住巧克力面团为宜，然后把柱状的巧克力面团放在原色面片中间，包裹住，并搓成柱状。

⑤ 将搓好的面柱切成3mm厚的片，两片一组并排在一起。用手指在顶端外侧捏出一个角，并将水滴巧克力摆在巧克力色眼睛的中间，把去皮的巴旦木放在两个面片的中间作为鼻子，猫头鹰饼干的形状就出来了。制好的饼干坯码在烤盘中。

⑥ 烤箱180℃预热。把烤盘移入烤箱烘烤20～25分钟即可。

> **Tips**
>
> 做猫头鹰鼻子的巴旦木用温水浸泡一会儿就可以剥去外皮了，也可以用腰果或其他坚果代替。

抹茶曲奇

抹茶控的最爱，抹茶淡雅微苦的味道，给这款曲奇带来了令人愉悦的味道。

用料：

低筋面粉 / 100g
黄油 / 70g
糖粉 / 20g
牛奶 / 20g
抹茶粉 / 3g
蜂蜜 / 10g

模具：

4 齿裱花嘴

制作方法：

① 黄油软化后，加入糖粉，搅打至蓬松发白。
② 牛奶煮开后加入蜂蜜和抹茶粉，轻轻搅匀，搅拌至抹茶粉完全化开没有颗粒。
③ 将搅匀的抹茶牛奶倒入黄油中搅拌均匀。然后筛入低筋面粉，用硅胶刀拌匀。
④ 裱花袋套在一个合适的容器中，将拌好的面糊立刻装入裱花袋，在烤盘上画 O 形挤出曲奇。
⑤ 烤箱 165℃预热。烤盘移入烤箱烘烤 16 ~ 18 分钟左右。

Tips

制作抹茶曲奇要选择品质优良的抹茶粉，这样成品的色泽和口感才会好。抹茶曲奇容易上色，烘烤时要多观察。
制作挤花曲奇最好使用糖粉，因为糖粉可以让曲奇花纹更细腻、好看。
面糊拌好后要立刻装入裱花袋，开始挤花，否则面糊出筋后就更不容易造型了。

杏仁球

吃起来有浓郁的杏仁香气，酥脆而甜蜜。

用料：

蛋白 / 2 个（约 80g）
细白砂糖 / 100g
杏仁粉 / 150g
柠檬汁 / 1 茶匙
香草精 / 1 茶匙
细白砂糖（裹表面）/ 50g
糖粉（裹表面）/ 50g

制作方法：

① 蛋白放入冰箱冷冻室，冻至边上有冰碴，取出加入细白砂糖和柠檬汁打至硬性发泡（能拉出直角）。

② 加入杏仁粉和香草精搅拌，搅拌均匀即可，不要过度搅拌。

③ 取一小团拌好的饼干料，轻轻团成球状，在细白砂糖（裹表面）中轻轻滚动，使表面粘满白砂糖，然后在糖粉中滚动，使表面再裹上一层糖粉，码在烤盘上，中间留一些空间。

④ 用手在饼干球上轻轻按一下，这样可以使烤好的饼干表面出现漂亮的裂纹。

⑤ 烤箱 170℃预热。烤盘移入烤箱，烘烤 15 分钟左右，取出在晾晒网上冷却。

> **Tips**
> 杏仁球粘裹的第一层砂糖可以增加饼干的脆劲，也可以免除糖粉直接化在饼干上。

碎巧克力脆饼

夹杂着大量碎巧克力和坚果粒的脆饼干，很有料哦！

用料：

无盐黄油 / 80g
低筋面粉 / 150g
黄砂糖 / 40g
鸡蛋 / 1 个（约 60g）
烘烤用巧克力豆 / 50g
巴旦木 / 30g
香草荚 / 1/4 支
盐 / 3g
泡打粉 / 2g

制作方法：

① 巴旦木切成碎粒。香草荚剖开，刮出香草籽。
② 黄油在室温下软化后加入黄砂糖和香草籽，搅打至蓬松。
③ 分次加入打散的蛋液，每次都要等到蛋液与黄油充分融合后再加入下一次的蛋液。
④ 低筋面粉、盐和泡打粉混合后筛入黄油中，用划十字的方法搅拌至没有干粉。
⑤ 加入烘焙用巧克力豆和巴旦木碎，搅拌均匀。
⑥ 用勺子舀起一勺混合好的面糊，放在铺有烘焙纸的烤盘中，并用手轻轻压扁。
⑦ 烤箱 180℃预热。将烤盘移入烤箱，烘烤 20 ~ 25 分钟即可。

---- Tips ----
也可以用榛子或腰果等其他坚果代替巴旦木。

奶香芝士饼干

这款饼干没有加鸡蛋，口感上更脆硬一些，有浓郁的芝士和奶香味道。

用料：

无盐黄油 / 170g
糖粉 / 60g
低筋面粉 / 150g
帕尔马芝士粉 / 50g
奶粉 / 30g
小苏打 / 1/4 小匙

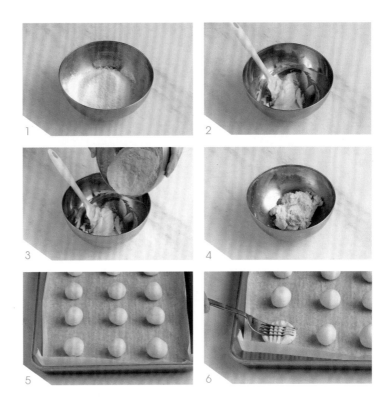

制作方法：

1. 低筋面粉、芝士粉、奶粉和小苏打粉混合拌匀，过筛备用。
2. 黄油在室温下软化后，加入糖粉搅打至蓬松。
3. 将过筛的粉类倒入黄油糊中，搅拌至没有干粉。
4. 将混合好的面团分成 15g 重的小剂子，揉成圆球，码入烤盘中。用叉子横纵各按压一下，压出花纹。
5. 烤箱 170℃ 预热，烤盘移入烤箱，烘烤 15 ~ 18 分钟即可。

> Tips
>
> 烘烤的时候注意时间，稍微上色即可。

柠香酥饼

柠檬的酸爽给这款饼干带来了清新的味道，唇齿间如沐春风哦！

用料：

低筋面粉 / 180g
无盐黄油 / 120g
糖粉 / 40g
蛋黄 / 1 个
黄柠檬 / 1/2 个
盐 / 1 小撮

制作方法：

1. 用刨刀将柠檬皮刨成柠檬皮屑，不要刨到白色的部分。
2. 黄油在室温下软化后，加入盐搅打成顺滑的奶油状，然后加入糖粉充分打发。
3. 分次加入蛋黄搅打均匀。再加入柠檬皮屑，挤入一些柠檬汁，拌匀。
4. 筛入低筋面粉，搅拌至没有干粉，团成扁圆的面团，用保鲜膜包好，放入冰箱冷藏室，冷藏半小时。
5. 取出冷藏的面团，擀成 0.5mm 厚的片，用花型模子刻成饼干坯，用牙签在表面扎几个小孔。
6. 烤箱 170℃预热。将烤盘移入烤箱，烘烤 18 分钟左右，不要烤至上色，这款饼干就是要嫩嫩的黄色才好看。

巧克力夹心饼干

巧克力和奶酪夹心的双重口感，一口咬下去，大大的满足！

饼干体用料：

低筋面粉 / 160g
可可粉 / 30g
无盐黄油 / 100g
鸡蛋 / 1个
糖粉 / 60g
盐 / 1小撮

奶酪夹心用料：

奶油奶酪 / 50g
黄油 / 8g
糖粉 / 10g

制作方法：

1️⃣ 黄油在室温下软化后，加入盐打成奶油状。再加入糖粉，搅打至蓬松。

2️⃣ 分次加入打散的蛋液，待蛋液与黄油糊完全融合后再加入下一次。

3️⃣ 筛入低筋面粉和可可粉，用刮刀切拌至完全看不见干粉，团成团，用保鲜膜包好，压扁，放入冰箱冷藏室冷藏 30 分钟～ 1 小时。

4️⃣ 取出面团擀成 4 ～ 5 毫米厚的片，用模子切割成圆片。

5️⃣ 烤箱 170℃预热。将烤盘移入烤箱烘烤 15 ～ 18 分钟。取出在晾晒网上冷却。

6️⃣ 制作奶酪夹心：奶油奶酪事先恢复至室温。烤饼干的同时，将奶油奶酪打至顺滑，加入糖粉和黄油搅拌均匀成奶油霜，装入裱花袋，放入冰箱冷藏室冷藏 30 分钟。

7️⃣ 取一片冷却后的饼干，画圈挤上奶油霜，盖上另外一片饼干即成夹心饼干。

Tips

用模子切割饼干时，将模子在面粉中蘸一下，这样比较容易脱模。

肉桂南瓜软曲奇

甜糯的南瓜具有包容性，即使和味道特别的肉桂搭配，也毫无违和感。

用料：

无盐黄油 / 40g
黄砂糖 / 20g
南瓜泥 / 120g
低筋面粉 / 120g
泡打粉 / 2g
盐 / 1 小撮
肉桂粉 / 1/2 小匙
牛奶 / 30g
黑葡萄干 / 1 小把

制作方法：

① 南瓜蒸熟后，用勺子将南瓜肉挖下来，捣成泥。葡萄干加清水浸泡至软，沥净水。

② 黄油在室温下软化后，加黄砂糖搅打至蓬松，加入南瓜泥，翻拌均匀。之后加入牛奶拌匀。

③ 低筋面粉、泡打粉、盐、肉桂粉混合拌匀，筛入黄油南瓜糊中，翻拌均匀。

④ 最后加入黑葡萄干，翻拌均匀。

⑤ 烤盘中铺上烘焙纸，用一把小汤匙舀起一勺面糊，用另一把小汤匙将面糊推落在烤盘中。

⑥ 烤箱 200℃预热。将烤盘移入烤箱，烘烤 20 分钟左右即可。

Tips

每一勺面糊量尽量一样多，这样可以保证烘烤的程度一样。
如果在烘焙过程中感觉表面要烤焦了，可以盖一层锡纸。

香草月牙曲奇

吃起来松脆可口的小饼干，有着杏仁和香草的香气。

饼干体用料：

低筋面粉 / 100g
糖粉 / 25g
杏仁粉 / 40g
香草精 / 1 小匙
无盐黄油（冷藏）/ 80g

制作方法：

1. 低筋面粉、杏仁粉、糖粉在大碗中混合，搅拌均匀。
2. 黄油无需在室温下软化，切成小丁，放入面粉中，加入香草精。用手搓成沙状，再团成面团。
3. 团好的面团用保鲜膜包好，放入冰箱冷藏松弛 30 分钟。
4. 取出面团，分成 10g 的小团，搓成条状，再捏成月牙形，码入烤盘。全部捏成饼干坯后，盖上保鲜膜，将烤盘移入冰箱再度冷藏 15 分钟。
5. 烤箱 160℃预热，将烤盘移入烤箱烘 12 分钟左右，不要烤至上色，即可取出，放在晾晒网上冷却。
6. 冷却的饼干放入容器中，撒上一些糖粉（用料外）就可享用了。

Tips

捏成月牙形再次冷藏放松的目的，是为了避免在烘烤过程中造成回缩。

果干脆饼干

饼干的脆硬与果干的软糯形成口感上的对比，是一款散发着食材天然香气的饼干。

用料：

低筋面粉 / 100g
黄油 / 20g
白砂糖 / 20g
葡萄干 / 50g
杏干 / 20g
蓝莓干 / 20g
水 / 2 汤匙

制作方法：

① 葡萄干、杏干、蓝莓干用食品料理机打碎（也可以用刀剁碎）。黄油隔水融化。

② 低筋面粉、白砂糖混合，加入融化的黄油，拌和均匀，加入水，揉成面团。盖上保鲜膜，放松 20 分钟。

③ 将面团擀成 5mm 厚的片，将果干碎铺满面片的一半，将另一半对折，边上稍微按压一下。然后再擀薄成 5mm 厚的片，放入烤盘中。

④ 烤箱 170℃预热，将烤盘移入烤箱烘烤 25 分钟左右即可。

Tips

其中的果干可以换成自己喜欢的其他果干。
如果在擀制过程中觉得面团发紧，就放松一会，以免擀破。

芝士小方

浓郁的芝士味道，不仅可以作为小零食，和葡萄酒的配合度也很高。

用料：

无盐黄油 / 70g
白砂糖 / 5g
低筋面粉 / 100g
全蛋液 / 20g
低筋面粉 / 70g
车达奶酪 / 60g
帕尔马奶酪粉 / 10g
盐 / 1 小撮

制作方法：

① 车打奶酪用刨刀刨碎。

② 黄油在室温下软化后，加入白砂糖搅打至蓬松。分次加入蛋液，搅打至蛋液与黄油糊全部融合。

③ 低筋面粉过筛后加入到黄油糊中，同时将帕尔马奶酪粉和车达奶酪碎也加入进去，按压搅拌均匀。

④ 拌好的面团，用保鲜袋装起来，擀成 6mm 厚的片，放入冰箱就冷藏 30 分钟。

⑤ 取出面坯，切割成 1cm 见方的小块，码入烤盘中。

⑥ 烤箱 180℃预热。将烤盘移入烤箱烘烤 15 分钟左右即可。

Tips

用保鲜袋包裹面团方便擀制和冷藏。

芝麻扭扭棒

味道质朴、口感松脆的饼干，有种让人怀念的味道。

用料：

低筋面粉 / 100g
帕尔马奶酪粉 / 20g
白芝麻 / 15g
泡打粉 / 2g
融化无盐黄油 / 20g
豆浆 / 60g

制作方法：

1. 低筋面粉过筛后，加入泡打粉、帕尔马奶酪粉与白芝麻，搅拌均匀。
2. 加入融化的黄油，再加入豆浆，用手抓成均匀的面团。
3. 面团用保鲜膜包好，放入冰箱冷藏室松弛 30 分钟。
4. 冷藏后的面团擀成片状，切割成 1cm 宽的条，拉起两端向不同的方向扭正螺旋形，码入烤盘中。
5. 烤箱 180℃预热，烤盘移入烤箱烘烤 20 分钟左右。

Tips

卷饼干棒时动作要轻柔，以免断裂。

香草曲奇

挑战味觉的一款曲奇。如果你喜欢香草的味道，那你一定会爱上这款饼干。

用料：

无盐黄油 / 60g
白砂糖 / 20g
低筋面粉 / 70g
全麦粉 / 20g
全蛋液 / 20g
干百里香 / 2g
干迷迭香 / 3g
海藻盐 / 3g
红辣椒粉 / 2g
孜然粉 / 2g

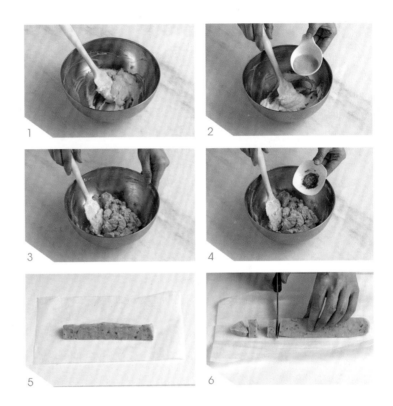

制作方法：

① 黄油在室温下软化后，加入白砂糖搅打至蓬松。加入蛋液，搅打至蛋液与黄油全部融合。

② 低筋面粉和全麦粉混合，加入黄油蛋液中，翻拌至呈颗粒状。

③ 将干百里香、干迷迭香、海藻盐、红辣椒粉、孜然粉混合，加入到黄油面粉中，继续翻拌均匀，团成面团。

④ 裁一张烘焙纸，将面团放在烘焙纸上，捏成三角体饼干坯。用烘焙纸包好，放入冰箱冷藏室冷藏2小时以上。

⑤ 烘焙前取出饼干坯，切成1cm的三角块，码入烤盘。

⑥ 烤箱180℃预热。烤盘移入烤箱烘烤18分钟左右。

Tips ----

香草料的品种和分量可以根据自己的口味随意调整。

榛果酥

榛子的坚果香气是这款饼干的诱人之处，妙不可言。

用料：

无盐黄油 / 30g
糖粉 / 20g
低筋面粉 / 50g
榛子仁 / 20g
牛奶 / 2 大匙
咖啡粉 / 1 小匙
全蛋液 / 2 汤匙

制作方法：

① 榛子仁切碎后放入食品料理机中打成粉状。咖啡粉与全蛋液混合均匀，待用。

② 低筋面粉、糖粉、榛子粉混合均匀。

③ 黄油切成小丁，加入到混合好的粉中，用手快速抓拌成肉松状，加入牛奶，团成团。

④ 面团装入保鲜袋中，擀成 12cm 长、8cm 宽、6mm 厚的片，用保鲜袋装好，放入冰箱冷藏 1 小时。

⑤ 取出切成均等的小块，码入烤盘，表面刷上咖啡蛋液。

⑥ 烤箱 170℃预热。烤盘移入烤箱烘烤 18 分钟左右。

 Tips

用料中使用的榛子仁为熟榛子仁，如果是生榛子仁，需要烘烤熟了再加入。

司康

司康是起源于英国的茶点，层次丰富，口感酥松，搭配茶和咖啡都适宜。

用料：

中筋面粉 / 160g
泡打粉 / 4g
盐 / 1g
无盐黄油 / 60g
细白砂糖 / 15g
鸡蛋 / 1个
淡奶油 / 80g

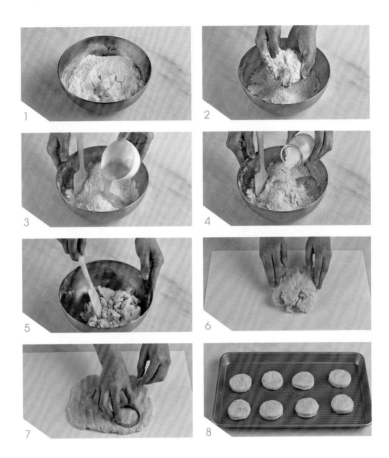

制作方法：

1. 面粉、泡打粉、细白砂糖、盐混合搅拌均匀待用。黄油切丁，放入冰箱冷藏。
2. 冷藏变硬的黄油丁与面粉混合，用手快速搓成沙状，黄油粒要保留至黄豆粒大小，这样能使成品口感酥松。
3. 加入蛋液和淡奶油，略搅拌至刚刚成团，千万不要揉至黄油融化或揉出筋度。不用揉光滑，用保鲜膜越少揉越好。
4. 面团放在面板上，轻轻压扁成 1cm 厚的面饼，用圆模刻成圆饼形司康坯码在烤盘中。
5. 烤箱 180℃ 预热。司康坯表面刷一层蛋液（用料外），烤盘移入烤箱烘烤 20 分钟左右。

--- Tips

切忌过度揉面，否则酥松的口感将不复存在。粉类应该事先混合均匀，否则会发不均匀。
还可以在面团中混入果仁、葡萄干、蔓越莓干等材料，可令口味更丰富。

多益能夹心饼干

这个小饼干，最提味的是那个馅料里的咖啡，在巧克力的甜蜜中有一丝若有若无的苦涩，很经得起回味。

用料：

低筋面粉 / 60g
杏仁粉 / 30g
无盐黄油 / 75g
糖粉 / 40g

巧克力馅料用料：

多益能巧克力酱 / 40g
特浓咖啡 / 8g
鲜奶油 / 8g

制作方法：

① 黄油在室温下软化后，加入糖粉搅打至蓬松发白。

② 低筋面粉、杏仁粉混合过筛，加入黄油中，翻拌均匀成肉松状。

③ 用手团成团，用保鲜膜包好，放在冰箱冷藏 30 分钟使其松弛。

④ 取适量面团，压入半球型的凉勺中，按压紧实，然后从一侧将面团轻轻推出，码入烤盘中。

⑤ 烤箱180℃预热。将烤盘移入烤箱烘烤 15 分钟。烤好的饼干放在晾晒网上冷却。

⑥ 将多益能巧克力酱、特浓咖啡和鲜奶油混合，搅拌成流动的糊状。

⑦ 把馅料放入裱花袋，挤在烤好的半圆形小饼干的平面上，再用另一块饼干夹起。

> Tips
>
> 多益能巧克力酱是一种市售的榛果味巧克力酱。如果没有，用巧克力隔水融化来制作，效果一样。

芝香薄脆饼

脆薄及耐人寻味的一款饼干，带来不一样的感受哦！

用料：

低筋面粉 / 150g
盐 / 1 小撮
白砂糖 / 5g
无盐黄油 / 70g
牛奶 / 20g

撒在表面的馅料：

海盐、黑胡椒粒、帕玛
森芝士粉、红辣椒粉、
迷迭香等

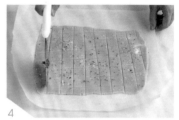

制作方法：

① 低筋面粉连同搅拌碗一起放入冰箱冷藏。黄油切丁也放入冰箱冷藏。

② 将冷藏面粉与冻硬的黄油丁混合，加入盐和白砂糖，用手快速搓成沙状，黄油丁要保持细粒。

③ 倒入牛奶，用手团成面团，用保鲜袋包起来，擀平，放入冰箱冷藏至少 4 小时以上。

④ 将饧好的面片取出放在烘焙纸上，擀成 2mm 厚的片，表面撒上馅料，用轮刀切割成小方块。

⑤ 烤箱烤箱 180℃预热。将烘焙纸托入烤盘中，并将烤盘移入烤箱，烘烤 18 分钟左右。

Tips

关于撒表面的馅料，可以根据自己的口味调整，芝麻、坚果碎等都可以放。

蛋糕因为材料的多样性和制作手法不同，呈现出不同的口感和口味，享受制作蛋糕的乐趣和美味蛋糕带来的愉悦吧！

蛋糕可以说是甜点中重要的组成部分，也是最受大家欢迎的甜点之一。
蛋糕的种类有很多，根据材料和做法的不同，比较常见的可以分为以下几类：海绵蛋糕、戚风蛋糕、天使蛋糕、重油蛋糕、奶酪蛋糕、慕斯蛋糕。

● 海绵蛋糕（Sponge Cake）

海绵蛋糕是一种乳沫类蛋糕，构成的主体是鸡蛋、糖搅打出来的泡沫和面粉结合而成的网状结构。因为海绵蛋糕的内部组织有很多圆洞，类似海绵一样，所以叫作海绵蛋糕。

● 戚风蛋糕（Chiffon Cake）

戚风蛋糕是比较常见的一种基础蛋糕，也是现在很受西点烘焙爱好者喜欢的一种蛋糕。生日蛋糕一般用戚风蛋糕来做底，所以戚风蛋糕算是一种基础的蛋糕。戚风蛋糕的做法很像分蛋的海绵蛋糕，其不同之处就是材料的比例，戚风蛋糕的组织非常松软。

● 天使蛋糕（Angel Fool Cake）

天使蛋糕也是一种乳沫类蛋糕，就是蛋液经过搅打后产生的松软的泡沫，所不同的是天使蛋糕中不加入一滴油脂，连鸡蛋中含有油脂的蛋黄也去掉，只用蛋清来做这个蛋糕，因此做好的蛋糕颜色清爽雪白，故称为天使蛋糕。

● 重油蛋糕（Pound Cake）

重油蛋糕也称为磅蛋糕，是用大量的黄油经过搅打再加入鸡蛋和面粉制成的一种面糊类蛋糕。因为加入了大量的黄油，所以口味非常香醇。

● 奶酪蛋糕（Cheese Cake）

音译也可以称为芝士蛋糕，是比较受大家喜欢的一种蛋糕。奶酪蛋糕是指加入了多量的乳酪做成的蛋糕，一般奶酪蛋糕中加入的都是奶油奶酪（cream cheese）。
奶酪蛋糕又分为以下几种：（1）重奶酪蛋糕：即奶酪的份量加得比较多，口味比较扎实，奶酪味很重。（2）轻奶酪蛋糕：制作时奶油奶酪

加得比较少，同时还会用打发的蛋清来增加蛋糕的松软度，粉类也会加得很少，所以吃起来的口感会非常绵软，入口即化。（3）冻奶酪蛋糕：是一种免烤蛋糕，会在奶酪蛋糕中加入明胶之类的凝固剂，然后放冰箱冷藏至蛋糕凝固，因为不经过烘烤，所以不会加入粉类材料。

● 慕斯蛋糕（Mousse Cake）

慕斯蛋糕也是一种免烤蛋糕，是通过打发的鲜奶油、一些水果果泥和胶类凝固剂冷藏制成的蛋糕，一般会以戚风蛋糕片做底。

● 杯子蛋糕（Cup Cake）

杯子蛋糕是用小蛋糕模和纸杯烤制的小蛋糕，杯子蛋糕的制作其实就是把海绵蛋糕、重油蛋糕的制作方式用于杯子里面，需要用泡打粉或者小苏打当松发剂。

蛋糕美味的秘密

面糊太稠怎么办？

可以加点橙汁或牛奶增加面糊的湿度，如果面糊太干，容易造成蛋糕开裂或者发不起来。

蛋糕在烘烤中为什么会塌陷？

烘烤中蛋糕受到震动，导致内部结构断裂。所以蛋糕一旦放入烤箱，就轻易不要再移动了；糖的用料过多，造成蛋糕结构部稳定；蛋白打发过度，或者面糊过稀或者过稠，这些都有可能造成蛋糕塌陷。

烤好的蛋糕成品很硬？

造成蛋糕不柔软的原因是多方面的，大家在操作过程中要注意。搅拌的时间过长或者搅拌的手法不正确，导致面糊起筋，或者蛋白消泡，都会使蛋糕口感发硬。蛋白打发不足，蛋糕没有完全蓬发，也会使蛋糕口感发硬；另外，烘烤时间过长且温度过低，或者烤好后没有及时出炉，都会使蛋糕水分的流失，造成蛋糕发干发硬。

蛋糕内部湿黏？

有可能是时因为蛋糕里的油类材料使用过多导致的，也可能是没有烤熟。

蛋糕有难闻的蛋腥味？

鸡蛋是烘焙中的基础材料，蛋清中的蛋白质有助于蛋糕和松饼形成稳定的组织结构，蛋黄含有脂肪，能够增加蛋糕的风味和水分。鸡蛋与黄油、砂糖一起打发，使空气浸入形成气泡，能够让蛋糕的体积膨胀。烘焙时要使用新鲜的鸡蛋。因为不新鲜的鸡蛋会产生一种硫磺味，使蛋糕失去香甜。在制作过程中，可以通过添加朗姆酒、香草籽、柠檬汁或者柠檬皮来消除鸡蛋的蛋腥味，为蛋糕增添风味。

烤好的蛋糕如何脱模

戚风蛋糕、海绵蛋糕这样的粘模蛋糕要完全放凉后再脱模，这样不会对蛋糕造成伤害，而像重芝士蛋糕这样不沾模的蛋糕，稍微放凉一下就可以脱模了。

没有专业裱花和翻糖的技术怎么装饰蛋糕？

撒糖粉、将巧克力融化淋在表面，或者用打发的奶油霜简单地涂抹，再加上一些应季的水果、新鲜的薄荷叶，也能让平凡的蛋糕变得诱人。

海绵蛋糕

海绵蛋糕的口感像海绵一样蓬松柔软。它的做法是将全蛋充分打发后，藉由气泡中的空气在烤箱中受热而膨胀的蛋糕。海绵蛋糕除了自身好吃，通常还会被用作夹馅裱花蛋糕的基底。

用料：

鸡蛋 / 4 个
细白砂糖 / 120g
低筋面粉 / 120g
无盐黄油 / 40g
水 / 1 汤匙

模具：

7 寸蛋糕模

制作方法：

1. 模具中加入烘焙纸裁剪的围边和圆形垫纸。
2. 鸡蛋磕入搅拌盆中，一边加细白砂糖一边搅拌均匀。
3. 用隔水加热的方式将蛋液加温至 40℃ 左右，用电动搅拌器快速打发，打至蛋糊的体积变成两倍大，将电动打蛋器调至慢速，继续搅打，打到蛋糕糊变得浓稠，用打蛋器挑起蛋液，蛋液泡沫丰富不会滴落下来。
4. 取出打蛋盆，加入水，搅拌均匀。把黄油放入热水中隔水融化。
5. 将一半的面粉筛入蛋糕中，用硅胶刀顺时针沿搅拌盆侧壁从底部刮拌蛋糕糊，刮到靠近身体的位置时翻动手腕，提起硅胶刀，让附着在上边的蛋糕糊流下，同时用另一只手逆时针旋转搅拌盆。反复这个动作，直到蛋液与面粉全部混合均匀。
6. 筛入另一半面粉，重复上面的动作，将面粉与蛋液混合均匀。
7. 融化的黄油一勺一勺淋到蛋糕糊中，稍加搅拌，不用完全融合。
8. 蛋糕糊倒入模子中，约 6、7 满即可。轻轻敲打模具，让面糊中的多余气体排出。
9. 烤箱 180℃预热，蛋糕模移入烤箱，烘烤 25 ~ 30 分钟。
10. 蛋糕从烤箱中取出后，在距离桌子 30 ~ 40cm 的高度摔落到桌子上，然后把冷却架置于蛋糕表面，连同蛋糕模翻转，取下模具，另取一个冷却架，盖在蛋糕上，连同下面的冷却架一同翻转，让蛋糕常温冷却。

Tips

如果是冰箱中冷藏的鸡蛋，一定要恢复到室温再使用。全蛋直接打发比较困难，用隔水加热的方法就比较好打发了，打好的泡沫也更稳定。蛋糕烤好后从烤箱中取出，摔落的动作可以让蛋糕体内部的热气瞬间与外部冷空气交换，这样可以避免回缩。

戚风蛋糕

戚风蛋糕是指用料中的油脂在搅拌过程中拌入空气，经过烘烤，受热而成的蛋糕。戚风蛋糕重要的步骤，是将蛋白和蛋黄分开来打。

用料：

鸡蛋 / 2 个
白砂糖 / 45g
低筋面粉 / 45g
温水 / 25g
色拉油 / 25g
柠檬汁 / 1 汤匙
香草荚 / 1/4 根

模具：

4 寸烟囱模

制作方法：

1. 香草荚剖开，刮下香草籽。鸡蛋的蛋白和蛋清分别放入两个搅拌盆。将装有蛋白的搅拌盆放入冰箱冷藏室。
2. 蛋黄中加入香草籽打散，加入 15g 白砂糖，用打蛋器划着搅拌至砂糖溶解。
3. 温水和色拉油混合，稍微搅拌一下倒入蛋液中，搅打均匀。
4. 筛入面粉，迅速搅拌至没有干粉即可。
5. 取出蛋白，加入柠檬汁用电动打蛋器顺一个方向快速打出类似鱼眼的粗泡时，边继续搅打边分数次加入细砂糖（30g），直至打到蛋白膨起数倍，泡沫细腻蓬松，可轻易拉出尖角。
6. 取 1/3 打发的蛋白放入蛋黄面糊中，用橡皮刀从下向上翻着搅拌均匀，接着再取 1/3 的蛋白倒入面糊中继续搅拌，最后将已经与 2/3 蛋白搅拌充分的面糊，倒入剩余的 1/3 蛋白上，从下往上翻着搅拌面糊，直到均匀。将混合好的蛋糕糊倒入模子中，表面抹平。
7. 烤箱 180℃预热，蛋糕模移入烤箱，烘烤 30 分钟。
8. 蛋糕烤好后，立即取出倒扣在冷却架上，这样可以防止戚风蛋糕的回缩。

Tips

在搅拌蛋糕糊的过程中，动作要快要轻，尽量在短时间内（约3分钟）完成，请不要按顺时针，或逆时针画圈方式搅拌，以免蛋白消泡，影响膨发的效果。这也是蛋糕制作成功与否最重要的原因之一。也可以添加可可粉和抹茶粉烤制可可戚风蛋糕和抹茶戚风蛋糕，只是可可粉和抹茶粉吸水性非常强，做这样戚风蛋糕的时候，需要增加水量。

棉花蛋糕

光听名字就知道这是一款如棉花般柔软绵密的蛋糕了。

用料:

无盐黄油 / 60g
低筋面粉 / 80g
牛奶 / 80g
鸡蛋 / 6 个
细白砂糖 / 90g
柠檬汁 / 1 小匙

制作方法:

① 将用料中的 5 个鸡蛋的蛋白和蛋黄分开。将装蛋白的料理盆放入冰箱冷藏室。
② 黄油切成小块,放入小锅中,小火加热至沸腾离火。
③ 立刻倒入低筋面粉,并搅拌均匀成面团状。
④ 在面团里加入一个鸡蛋,用橡皮刮刀搅拌均匀使蛋液与面团融合。然后依次加入其余 5 个蛋黄,同样搅拌均匀。
⑤ 倒入牛奶,搅拌均匀成糊状。
⑥ 取出蛋白,加入柠檬汁,搅打蛋白,分三次加入白砂糖,打至蛋白出现尖角且末端处弯曲时即可。
⑦ 取 1/3 打好的蛋白到蛋黄糊中,翻拌均匀。再将拌好的面糊倒回蛋白中,同样搅拌均匀。
⑧ 蛋糕模中加围边纸和圆形垫纸,蛋糕糊倒入模子中,表面抹平。表面盖上锡纸。
⑨ 烤箱 150℃预热,蛋糕模移入烤箱,烘烤 30 分钟,然后拿掉锡纸,继续烤 15 分钟即可。

Tips

为了避免蛋糕出现干裂,可以采用低温烘烤加盖锡纸的方法,或者用水浴的方法也可以。
蛋糕烤好后,可以直接食用,也可以搭配果酱食用。

卡仕达奶油蛋糕卷

非常好吃的一款蛋糕卷，做起来还非常简单，值得一试哦！

卡士达奶油馅用料：

蛋黄 / 2 个
细白砂糖 / 20g
低筋面粉 / 10g
玉米淀粉 / 10g
牛奶 / 200g
细白砂糖 / 10g
香草荚 / 1/4 支
无盐黄油 / 100g

蛋糕体用料：

鸡蛋 / 4 个
蛋黄 / 1 个
细砂糖 / 70g
低筋面粉 / 40g
无盐黄油 / 40g

模具：

30cm×30cm 方形烤盘

制作方法：

① 制作卡仕达奶油：蛋黄加入细白砂糖打至粘稠发白，然后将低筋面粉和玉米淀粉混合筛入，搅拌均匀。

② 香草荚剖开取出香草籽，放入牛奶中，同时加入细白砂糖煮至沸腾前，然后关火放至不烫手后缓缓冲入蛋黄糊中，边搅拌边冲入，至均匀。

③ 重新倒回锅中，开小火，不停搅拌，直到呈现粘稠但稍流动的糊状，关火，把锅放在凉水或冰箱里降温，这样卡仕达酱就做好了。

④ 把卡仕达酱放到搅拌盆中拌均匀，然后分次加入彻底软化的黄油。打至可以拉出小尖，这样卡仕达黄油馅就做好了。

⑤ 制作蛋糕卷：蛋白和蛋黄分开，放入两个搅拌碗中。蛋黄加入 20g 细砂糖打至呈鹅黄色、粘稠状。

⑥ 蛋白加入剩余的白砂糖（50g），打发至湿性发泡前的状态（可以流动的蛋白霜）。

⑦ 将打好的蛋黄糊倒入蛋白糊中，搅拌均匀。筛入低筋面粉，用橡皮刮刀翻拌均匀。

⑧ 在刮刀上倒入融化的温热黄油用橡皮刮刀快速拌均匀。

⑨ 倒入铺有烘焙纸的烤盘中，稍抹平，敲一下烤盘底部，震出气泡。

⑩ 烤箱 200℃预热，将烤盘移入烤箱，烘烤 8 ~ 10 分钟，表面呈金黄色即可。

⑪ 蛋糕烤好后取出烤盘，取出蛋糕后，翻过来掀去烘焙纸，烘焙纸掀之后，再翻过来，正面朝上，散热一会。

⑫ 蛋糕凉后，均匀地涂抹卡仕达黄油馅。起始边抹齐，末端少抹甚至不抹。

⑬ 卷起蛋糕卷，要卷的均匀且紧实。用烘焙纸包起，放入冷藏定型 30 分钟后切块食用。

雪白瑞士卷

这款白瑞士卷只用到了蛋白，所以具有雪白的颜色，配上五彩的水果粒，清爽宜人。

用料：

蛋白 / 5 个
白砂糖 / 50g
柠檬汁 / 1 小匙
牛奶 / 90g
色拉油 / 40ml
低筋面粉 / 50g
养乐多（或其他乳酸饮品）/ 50ml
鲜奶油 / 180ml
奇异果 / 1 个
黄桃罐头 / 30g
樱桃 / 50g

使用的模具：

30cm×30cm 方形烤盘

制作方法：

1. 牛奶与色拉油混合，搅打均匀，筛入低筋面粉，搅拌至顺滑。
2. 蛋白放入一个无油无水的搅拌盆中，事先放入冷藏室冷藏一段时间，取出后加入白砂糖和柠檬汁，搅打至提起蛋白霜尖端可挺起、有小弯钩。
3. 取 1/3 蛋白霜，加入到面粉糊中，翻拌均匀；再取 1/3 蛋白霜加入面粉糊中翻拌均匀；最后将面糊倒回蛋白霜中，翻拌均匀成蛋糕糊。
4. 烤盘中垫上烘焙纸，两端要留出一些余量，将蛋糕糊倒入烤盘中，用硅胶刀把蛋糕糊推平。
5. 烤箱 170℃ 预热。烤盘放入烤箱中层烘烤 12 ~ 15 分钟。
6. 烤好的蛋糕体从烤盘中取出，放在网架上晾凉。两三分钟后，另取一张烘焙纸覆盖在蛋糕体上，翻面，撕去垫烤的烘焙纸，并将它盖回在蛋糕上，等待蛋糕体完全冷却。
7. 黄桃沥去汤汁，切成小粒；奇异果去掉外皮和中间白色的硬心，切成小粒。樱桃去核、去蒂也切成小粒。
8. 制作奶油霜：将养乐多和鲜奶油放入料理盆中，用打蛋器打发至尖端可挺立。
9. 将打好的奶油涂抹到蛋糕体上，靠近自己的一端多涂一些，尾端和两侧少涂一些，然后将切好的水果丁撒在奶油上，撒的时候靠近自己的一端要留出 2cm 的距离，每排撒一种水果丁，用手将蛋糕卷卷起，包上垫在下面的的烘焙纸，整形，包上锡纸或保鲜膜，放入冰箱冷藏 1 ~ 2 小时后切块食用。

> **Tips**
>
> 打奶油之前要将乳酸菌和鲜奶油放入冰箱冷藏 24 小时以上，或者隔着冰水打。其中夹的水果粒，可根据自己的口味调整。涂奶油的时候，要涂在烘烤上色的一面，将白色的一面露在外面。卷蛋糕卷的时候，可以借助烘焙纸，一边提起烘焙纸，一边推卷。

巧克力蛋糕卷

略带苦味的巧克力蛋糕卷，令人回味悠长。

蛋糕体用料：

较大的鸡蛋 / 4 个
细白砂糖 / 90g
低筋面粉 / 45g
可可粉 / 25g
牛奶 / 30g

巧克力奶油用料：

苦甜巧克力 / 50g
鲜奶油 / 200g

使用的模具：

30cm×30cm 方形烤盘

制作方法：

① 烤盘中垫上烘焙纸，两侧要留有余量。低筋面粉和可可粉筛入盆中，搅拌均匀。

② 鸡蛋磕入搅拌盆中，一边加细白砂糖一边搅拌均匀。

③ 用隔水加热的方式将蛋液加温至 40℃左右，用电动搅拌器快速打发，打至蛋糊的体积变成两倍大，将电动打蛋器调至慢速，继续搅打，打到蛋糕糊变得浓稠，用打蛋器挑起蛋液，蛋液泡沫丰富不会滴落下来。

④ 将混合好的巧克力面粉筛入蛋糊中，用硅胶刀顺时针沿搅拌盆侧壁从底部刮拌蛋糕糊，刮到靠近身体的位置时翻动手腕，提起硅胶刀，让附着在上边的蛋糕糊流下，同时用另一只手逆时针旋转搅拌盆。反复这个动作，直到蛋液与面粉全部混合均匀。

⑤ 加入牛奶，用刚才的手法继续搅拌均匀。搅拌烤的蛋糕糊倒入烤盘中，表面抹平，托起烤盘，轻轻摔落，使蛋糕糊表面的气泡破裂。

⑥ 烤箱 190℃预热，将烤盘移入烤箱，烘烤 15 ~ 17 分钟。

⑦ 烤好后取下烤盘，将蛋糕坯放在晾晒网上晾至微温时，将蛋糕体翻过来，粘黏烘焙纸的一面朝上，从靠近身体的一侧向外轻轻揭开烘焙纸，然后将蛋糕坯再翻过去，烤面朝上。

⑧ 烤蛋糕的同时制作巧克力奶油：将巧克力切碎放在碗中隔水融化。鲜奶油打发后，与融化的巧克力糊混合搅拌均匀即可。

⑨ 将制作好的巧克力奶油涂抹到烤好的蛋糕体上，靠近身体的一侧稍厚一些，末端要抹得薄一些甚至不抹。

⑩ 奶油抹好后将蛋糕坯从身体的一侧向外卷起，卷的时候一只手提起烘焙纸，一只手按压蛋糕坯，一气呵成卷起。卷起后用烘焙纸包好，放入冰箱冷藏 1 小时以后再切块食用。

Tips

巧克力蛋糕卷容易破损，卷起时和移动时动作都要轻。

玛德琳蛋糕

玛德琳蛋糕，又名贝壳蛋糕，是法国风味十足的小点心，它的制作方法并不复杂，味道却很独特！

用料：

低筋面粉 / 135g
泡打粉 / 4g
黄砂糖 / 100g
鸡蛋 / 2 个
无盐黄油 / 130g
蜂蜜 / 20g
香草荚 / 1/3 根

模具：

玛德琳蛋糕连模

制作方法：

① 黄油隔水融化，加入蜂蜜，搅拌均匀。香草荚剖开，取出香草籽。
② 低筋面粉过筛，加入泡打粉、黄砂糖和香草籽，然后倒入打散的蛋液，搅拌均匀。
③ 把加了蜂蜜的黄油也倒入面粉糊中，继续搅拌至有光泽。
④ 烤模内涂一层黄油（用料外），把搅拌好的蛋糕糊装入裱花袋中，然后把蛋糕糊挤入蛋糕模中，倒至 8 分满即可。
⑤ 烤箱 170℃预热，把烤盘移入烤箱烘烤 12 ~ 15 分钟即可。

> Tips
>
> 因为添加了蜂蜜，所以减少了砂糖的用量，蜂蜜和黄砂糖给这款蛋糕带来了更动人的口感，如果不喜欢，也可以调整成白砂糖。

巧克力布朗尼蛋糕

这款巧克力布朗尼蛋糕有着非常香浓湿润的口感，做法又十分简单，非常值得推荐哦！

用料：

65% 的苦甜巧克力 / 160g
无盐黄油 / 100g
鸡蛋 / 3 个
白砂糖 / 100g
海盐 / 1/4 小匙
香草精 / 1 小匙
中筋面粉 / 150g

模具：

8cm×8cm 方形烤盘

制作方法：

① 烤盘底部涂抹一层黄油（分量外），铺上烘焙纸，烘焙纸两端要有余量，这样容易脱模。

② 巧克力切成小丁，放入容器中。黄油也切成小丁，放入巧克力碗中。将巧克力碗隔水加热，使巧克力和黄油全部融化成一体的顺滑糊状。

③ 鸡蛋磕入一个搅拌盆中，加入白砂糖、盐和香草精，用手持电动打蛋器搅打成浓稠的淡黄色。

④ 将融化的巧克力糊倒入蛋液中，再筛入面粉，搅拌均匀成蛋糕糊。

⑤ 将蛋糕糊倒入烤盘中，表面抹平。

⑥ 烤箱 180℃预热，将烤盘移入烤箱，烘烤 25 ～ 30 分钟。取出置于网架上放凉后切块食用。

Tips

这款蛋糕好吃与否关键在于巧克力，一定要使用品质好的巧克力。

糖渍金橘磅蛋糕

加入了清香的金橘，平衡了蛋糕糖油的丰盈，特别是金橘大量上市的季节，一定不能错过哦！

蛋糕体用料：

糖渍金橘 / 120g
无盐黄油 / 180g
糖粉 / 120g
鸡蛋 / 3 个（约 160g）
杏仁粉 / 40g
低筋面粉 / 140g
泡打粉 / 1g

糖渍金橘用料：

新鲜金橘 / 200g
白砂糖 / 150g
水 / 200g
柠檬汁 / 1 汤匙

制作方法：

① 首先制作糖渍金橘：金橘清洗干净，横着对半切开，去籽后切片。

② 煮锅中加入白砂糖和水，煮滚后加入金橘片和柠檬汁，转中小火，继续煮约 15 分钟，离火。放凉后移入冰箱冷藏室一晚，第二天使用前拿出恢复室温。

③ 制作蛋糕：黄油在室温下软化后，加入糖粉，搅打至蓬松。

④ 分次加入打散的蛋液，每次都要搅打至鸡蛋与黄油完全融合，再加入下一次。

⑤ 将低筋面粉与泡打粉混合均匀筛入黄油糊中，再将杏仁粉也筛入，翻拌均匀，不要过度翻拌，看不见干粉即可，否则蛋糕就不松软了。

⑥ 加入糖渍金橘，翻拌均匀成蛋糕糊。

⑦ 蛋糕模中垫入烘焙纸，将蛋糕糊倒入模具中，表面抹平，在摆上糖渍金橘片做装饰。

⑧ 烤箱 180℃ 预热，将蛋糕模移入烤箱，烘烤 25 ~ 30 分钟即可。

Tips

蛋糕烤好后，在表面刷一层糖渍金橘的汤汁，可以为蛋糕保湿及增加光泽。
磅蛋糕烤好后，放入密封容器，存放一至两晚，待蛋糕回油后风味更佳。

抹茶磅蛋糕

抹茶清新的香气，给这款味道浓郁的蛋糕增加了几分轻盈，也平衡了黄油的厚重。

用料：

无盐黄油 / 100g
细白砂糖 / 100g
全蛋 / 100g
低筋面粉 / 93g
抹茶粉 / 7g
泡打粉 / 1g

制作方法：

1. 在蛋糕模内垫好烘焙纸。抹茶粉、低筋面粉、泡打粉混合均匀，过筛。
2. 无盐黄油在室温下软化后，加入白砂糖，搅打至蓬松的奶油状。
3. 分次倒入蛋液，每次都要等蛋液与黄油完全融合后再倒入下一次。
4. 打发后的黄油蛋糊体积膨胀，质地顺滑。
5. 加入混合过筛的面粉，用硅胶刀拌匀，搅拌手法是从 2 点钟方向沿对角线直刮到 8 点钟位置，提起刮刀送至盆中心的位置翻落面糊。同时逆时针转动搅拌盆。用这样的方法拌至没有干粉且面糊出现光泽。
6. 将拌好的面糊舀入蛋糕模中。表面喷一些水。
7. 烤箱 170℃预热，将蛋糕模移入烤箱，烘烤 40 分钟。
8. 烤好后取出蛋糕，从略高的地方摔落一下，让蛋糕内部的热气迅速出去，脱模后放在冷却架上冷却。

Tips

筛入面粉后多搅拌，做好的蛋糕口感更细腻，但搅拌的同时一定要注意手法，以免起筋影响口感。

柠檬椰香蛋糕

这款小蛋糕的靓点是表面烤得酥酥的椰蓉，柠檬酱隐约的酸爽又偷偷给味道加了分。

蛋糕体用料：

无盐黄油 / 50g
低筋面粉 / 15g
糖粉 / 60g
杏仁粉 / 94g
全蛋液 / 80g
柠檬酱 / 30g

椰蓉饰面用料：

椰蓉 / 20g
白砂糖 / 5g
全蛋液 / 20g

制作方法：

1. 黄油隔水融化。低筋面粉过筛。
2. 蛋糕体用料中的杏仁粉、糖粉和蛋液搅打至蓬松。
3. 加入过筛的面粉和融化的黄油，翻拌均匀成蛋糕糊，注意不要过度翻拌。
4. 将拌好的蛋糕糊舀入蛋糕模中，至 8 分满即可。蛋糕模码入烤盘。
5. 烤箱 180℃预热，将烤盘移入烤箱，烘烤 10 分钟左右。
6. 烘烤蛋糕的同时，将椰蓉饰面的材料混合拌匀。
7. 取出烤盘，在蛋糕表面刷上一层柠檬酱，再放上椰蓉饰面，将烤盘重新放回烤箱，继续烘烤 10 分钟，至表面呈金黄色取出。

Tips

柠檬酱的做法：3 个柠檬挤汁，柠檬皮刨成碎屑，与白砂糖、30g 黄油丁、3 个鸡蛋混合，小火加热，边加热边搅拌，煮到酱汁渐渐浓稠，出现清晰的纹路即可离火。做好的柠檬酱冷却后用玻璃瓶或保鲜盒装好，放在冰箱冷藏室保存。
柠檬酱可以用来涂抹面包、做饼干夹心，配蛋糕、冰激凌，甚至拌水果沙拉都可以。

甜梨翻转蛋糕

这款蛋糕最令人着迷的地方，就是翻转的过程，还有在烘烤过程中，蛋糕吸收焦糖后的浓郁口感。

蛋糕体用料：

低筋面粉 / 120g
鸡蛋 / 4 个
无盐黄油 / 60g
橙汁 / 60g
细砂糖 / 50g
泡打粉 / 3g
柠檬汁 / 1 汤匙
香草精 / 1 茶匙
甜梨 / 6 个

焦糖用料：

黄砂糖 / 70g
热水 / 3 小匙

模具：

8 寸蛋糕模

制作方法：

① 用黄油（用料外）涂满蛋糕模内部。甜梨削去外皮，对半切开，挖去中间的核。黄油隔水融化备用。鸡蛋的蛋白和蛋黄分别磕入两只料理盆，并把装有蛋白的料理盆放入冰箱冷藏室。

② 制作焦糖：大火加热锅，撒入黄砂糖，待外侧细砂糖开始熔化出现焦色后，用木铲搅拌。继续加热，颜色加深，细小的糖泡开始变大后关火，加入热水。快速搅拌成焦糖，趁热倒入蛋糕模中。

③ 将处理好的甜梨倒扣码入蛋糕模子，四周码完，中间也要放一块。

④ 制作蛋糕糊：蛋黄搅打至浓稠变色，加入橙汁和香草精，再加入融化的黄油，继续搅拌均匀。低筋面粉与泡打粉、白砂糖混合均匀过筛，分次加入蛋黄糊中，每次都要搅拌至看不见干粉，再加入下一次。

⑤ 蛋白加入柠檬汁，打至十分发，加入到面粉糊中，翻拌均匀。

⑦ 拌好的蛋糕糊倒入蛋糕模中，表面抹平。

⑧ 烤箱180℃预热。蛋糕模移入烤箱，烘烤25～30分钟。取出晾凉后倒扣在容器上即可。

> **Tips**
>
> 甜梨蛋糕不适合久放，否则会影响口感，最好烤好后当天食用。也可以用香蕉、黄桃等水果代替甜梨。

咕咕霍夫蛋糕

朗姆酒浸泡过的葡萄干和糖渍金橘给这款蛋糕增加了丰富的的口感。

用料：

低筋面粉 / 70g
无盐黄油 / 80g
细白砂糖 / 50g
全蛋 / 1 个
蛋黄 / 1 个
泡打粉 / 1/3 小匙
葡萄干 / 20g
朗姆酒 / 40g
糖渍金橘 / 40g

模具：

直径 15cm 高 8cm 的
咕咕霍夫烤模

制作方法：

1. 烤模内均匀地涂上黄油（用料外）撒上面粉（用料外），转动模具，使面粉均匀的布满模具内部，倒去多余的粉。
2. 葡萄干加入朗姆酒浸泡。蛋黄和全蛋在碗中打散。
3. 无盐黄油在室温下软化后，加入细白砂糖搅打至蓬发，分次加入蛋液，搅打至蛋液和黄油完全融合。
4. 低筋面粉和泡打粉混合后筛入黄油糊中，用橡皮刮刀搅拌均匀。
5. 葡萄干捞出沥干与糖渍金橘一起加入面糊中，用橡皮刮刀轻轻拌匀成蛋糕糊。
6. 把拌好的蛋糕糊倒入烤模内，表面抹平。
7. 烤箱180℃预热。蛋糕模移入烤箱，烘烤25～30分钟。取出晾凉后脱模，吃的时候可以淋上一些蜂蜜。

> **Tips**
>
> 葡萄干使用前用朗姆酒浸泡的时间长一些，这样可以使蛋糕更加入味。
> 这款蛋糕不易脱模，模具使用前一定要用黄油和面粉涂抹内侧。
> 糖渍金橘做法见 P78。

可可纸杯蛋糕

这款纸杯蛋糕的做法就是戚风蛋糕的做法，有戚风蛋糕的口感，又有迷你可爱的造型。

蛋糕体用料：

鸡蛋 / 2 个
温水 / 30g
玉米油 / 15g
细白砂糖 / 30g
低筋面粉 / 30g
可可粉 / 8g
泡打粉 / 1g
朗姆酒 / 1 汤匙

奶油霜用料：

淡奶油 / 100g
白砂糖 / 10g

模具：

纸质小蛋糕模

制作方法：

1. 鸡蛋的蛋白和蛋黄分开放入两个料理盆中。装有蛋白的料理盆放入冰箱冷藏室。

2. 蛋黄中加入细白砂糖（10g）搅打至砂糖融化。加入水搅打至出粗泡，加入玉米油继续搅打，打至蛋黄与玉米油完全融合乳化。

3. 低筋面粉、可可粉和泡打粉混合均匀，筛入蛋黄糊中，搅拌至没有干粉，加入朗姆酒，拌匀即可。

4. 取出蛋白，剩下的白砂糖（20g）分三次加入蛋白中，打发蛋白至湿性发泡。

5. 取 1/3 蛋白与巧克力面粉糊混合，用硅胶刮刀拌匀，手法是从中间位置下去，顺时针转到身体前，然后兜底翻上来，同时左手逆时针转动搅拌盆。拌匀后倒入剩余的蛋白中，用同样的手法翻拌均匀。

6. 纸杯模放入小蛋糕模中固定，用大汤匙舀一勺蛋糕糊倒入纸杯中，约 8 分满即可。

7. 烤箱 160℃预热。蛋糕模移入烤箱，烘烤 25 分钟出炉。

8. 奶油霜用料混合打至奶油柔软顺滑，尾端能拉出略弯的柔和尖角。裱花袋套 6 齿裱花嘴，将打好的奶油霜装入裱花袋中，挤在可可蛋糕上装饰即可。

Tips

可可粉容易让蛋白消泡，翻拌时动作要轻柔迅速。
烤好的小蛋糕可以不用奶油霜装饰，直接吃味道也很好。

蓝莓小蛋糕

用海绵蛋糕法制作的小蛋糕，用料简单、易操作，烘焙小白也不会出错哦！

用料：

低筋面粉 / 100g
全蛋 / 4 个
无盐黄油 / 50g
白砂糖 / 70g
蓝莓干 / 50g

制作方法：

1. 黄油隔水融化。鸡蛋恢复至室温。每个纸杯模中加入适量蓝莓干备用。
2. 鸡蛋磕入搅拌盆中，加入白砂糖搅拌均匀。
3. 搅拌盆隔水加热至 40℃，用电动搅拌器快速打发，打至蛋糕的体积变成两倍大，将电动打蛋器调至慢速，继续搅打，打到蛋糕糊变得浓稠，用打蛋器挑起蛋液，蛋液泡沫丰富不会滴落下来。
4. 取出打蛋盆，将一半的面粉筛入蛋糕中，用硅胶刀顺时针沿搅拌盆侧壁从底部刮拌蛋糕糊，刮到靠近身体的位置时翻动手腕，提起硅胶刀，让附着在上边的蛋糕糊流下，同时用另一只手逆时针旋转搅拌盆。反复这个动作，直到蛋液与面粉全部混合均匀。
5. 筛入另一半面粉，重复上面的动作，将面粉与蛋液混合均匀。然后加入融化的黄油，翻拌均匀成蛋糕糊。
6. 蛋糕糊装入纸杯中，八分满即可。
7. 烤箱 180℃预热，蛋糕模移入烤箱，烘烤 15 分钟左右即可。

- - - - Tips

可以将蓝莓干换成自己喜欢的任何果干。
蛋糕糊一定不要装满，否则容易涨发出来。

纽约芝士蛋糕

这款芝士蛋糕有着绵软浓厚的口感，饱满的芝士香是让人爱上它的理由。

用料：

消化饼干 / 130g
无盐黄油 / 30g
奶油奶酪 / 270g
细白砂糖 / 70g
香草荚 / 1/4 根
玉米淀粉 / 10g
酸奶 / 100g
酸奶油 / 100g
全蛋 / 2 个

模具：

8 寸蛋糕模

制作方法：

① 奶油奶酪、鸡蛋、酸奶和酸奶油恢复至室温。蛋糕模中加入圆形垫纸和围边。香草荚剖开，刮出香草籽。
鸡蛋在碗中打散。

② 消化饼干用保鲜袋装好，用擀面杖敲打、碾压成碎屑。无盐黄油隔水融化，倒入饼干碎屑中搅拌均匀，
然后倒入模子中，均匀地布满蛋糕模的底部，压实，放入冰箱冷藏室备用。

③ 奶油奶酪加入白砂糖和香草籽，碾压搅拌均匀，呈现柔滑的状态，然后依次倒入酸奶油和酸奶，每次加
入原料都要搅拌均匀后再加入下一种。

④ 分三次加入蛋液，每加一次都要充分搅拌，让蛋液与奶酪糊完全融合，再加入下一次。

⑤ 加入玉米淀粉，搅拌至没有干粉和结块，玉米淀粉会起到凝结各种材料的作用。

⑥ 烤箱 180℃预热，拌好的蛋糕糊倒入蛋糕模中。将蛋糕模放入烤盘中央，然后倒入热水，水深 1 ~ 1.5cm，
隔水烘烤 40 分钟左右关火，关火后不要马上取出，继续放在烤箱中至冷却后取出。

> **Tips**
>
> 蛋糕烤好后，冷藏一段时间再食用风味最佳，所以蛋糕烤好后，不用脱模，用保鲜膜包好，放入冰箱冷藏室冷藏，
> 食用前再拿出脱模即可。

舒芙蕾芝士蛋糕

轻盈绵软的舒芙蕾芝士蛋糕，和厚重的纽约芝士蛋糕相比，有着入口即化的口感和令人回味的芝士香气。

用料：

奶油奶酪 / 300g

无盐黄油 / 30g

蛋黄 / 3 个

玉米淀粉 / 10g

淡奶油 / 150g

蛋白 / 3 个

柠檬汁 / 1 小匙

细白砂糖 / 120g

模具：

8 寸蛋糕模

制作方法：

① 蛋糕模中加围边和垫纸备用。奶油奶酪恢复至室温。蛋白放入冰箱冷藏室。黄油隔水融化。

② 奶油奶酪和融化的黄油混合，搅拌均匀至顺滑。分次加入蛋黄，每次都要搅拌均匀后再加入下一个蛋黄，搅打至顺滑。

③ 筛入玉米淀粉，搅拌均匀。慢慢倒入淡奶油，边倒边搅拌成均匀的糊状。

④ 蛋白加入柠檬汁，搅拌均匀，分次加入细白砂糖，打至提起搅拌器能出现钩状，而蛋白霜的状态又细又滑为最佳状态。

⑤ 取 1/3 打好的蛋白霜放入蛋奶糊中，用翻拌的手法（同戚风蛋糕）拌匀，接着再放入 1/3 的蛋白霜，继续泛白均匀，最后将蛋奶糊倒回蛋白霜中，翻拌均匀，倒入蛋糕模中。

⑥ 烤箱 160℃预热，将蛋糕模放入烤盘中央，然后倒入热水，水深 1 ~ 1.5cm，隔水烘烤 40 分钟左右，烤好后不要马上取出，放在烤箱中直至冷却后再取出。

> **Tips**
>
> 舒芙蕾芝士蛋糕的烘烤和保存与纽约芝士蛋糕相同。
>
> 也可以使用活底模，使用时一定要用锡纸将蛋糕模外面包裹好，以免烘烤时进水。

香蕉杯子蛋糕

香蕉是最常见的水果，香甜绵软，也最适合加入蛋糕中，给蛋糕增加风味。

用料:

无盐黄油 / 100g
黄砂糖 / 50g
全蛋 / 2 个
低筋面粉 / 80g
泡打粉 / 3g
香蕉（熟透）/ 100g
碎巧克力 / 30g

模具:

花瓣形蛋糕模

制作方法:

1. 蛋糕模内侧涂抹一层黄油（用料外），再撒上一层面粉（用料外），倒出多余的面粉。香蕉去皮，果肉用叉子压碎。
2. 黄油在室温下软化后，加入黄砂糖，搅打至蓬发。
3. 分次加入蛋液，每次加入后都要等蛋液与黄油完全融合后再加入下一次。
4. 筛入一半分量的面粉，翻拌均匀，放入香蕉泥和碎巧克力，再筛入剩下的面粉，翻拌均匀至没有干粉。
5. 拌好的蛋糕糊装入蛋糕模中，八分满即可。
6. 烤箱 180℃预热，将蛋糕模放入烤盘中，再将烤盘移入烤箱，烘烤 25 ~ 28 分钟即可。

Tips

可以使用纸质蛋糕杯，这样可以省去脱模的麻烦。
除了香蕉，榴莲、芒果等水果都可以烤制这款蛋糕。

苹果蛋糕

很平实的一款蛋糕，因为有了苹果的装饰，也变得生动起来了。

用料：

无盐黄油 / 80g
黄砂糖 / 80g
鸡蛋 / 2 个
低筋面粉 / 130g
泡打粉 / 3g
酸奶 / 40g
小苹果 / 1 个
柠檬皮屑 / 1 茶匙
香草精 / 1 茶匙

制作方法：

1. 模具中加圆形垫纸和围边。鸡蛋恢复至室温。
2. 黄油在室温下软化后，加入黄砂糖，搅打至蓬发。
3. 分次加入鸡蛋，每次加入后都要打至鸡蛋和黄油完全融合后再加下一次的。
4. 泡打粉和低筋面粉混合，筛入黄油蛋糊中，翻拌至没有干粉。加入柠檬皮屑、酸奶和香草精继续翻拌均匀。反复这个动作，直到蛋液与面粉全部混合均匀。
5. 拌好的蛋糕糊倒入蛋糕模中。
6. 苹果削去皮，纵向切成均等的 3 份，挖去核。苹果表面间隔 2mm 左右的距离间隔划开，不要切断。切好的苹果呈放射状码放在蛋糕糊表面。
7. 烤箱 180℃预热，蛋糕模移入烤箱，烘烤 45 分钟左右。

Tips

拌好的蛋糕糊如果太稠，可以在蛋糕糊中加入酸奶或牛奶调节浓稠度。
烤制的过程中如果上色过快，可以在蛋糕表面加盖锡纸。

提拉米苏

在家里也能轻松制作出美味的提拉米苏，还等什么，快带它走吧！

用料:

马斯卡彭 / 230g
吉利丁片 / 2 片
鲜奶油 / 230g
蛋白 / 45g
细白砂糖 / 90g
水 / 23g
意式特浓咖啡 / 83g
朗姆酒 / 16g
海绵蛋糕 / 1 份
可可粉（筛表面用）/ 适量

模具:

舒芙蕾烤碗

制作方法:

1. 意式特浓咖啡与朗姆酒混合待用。吉利丁片用冷水泡软。蛋白放入冰箱冷藏室。
2. 马斯卡彭奶酪恢复到室温后，用电动打蛋器打至顺滑。
3. 将滤干水分的吉利丁片放入碗中，微波炉加热 20 秒至溶化，稍放凉后，加入打的顺滑的马斯卡彭中搅打均匀。
4. 奶油放入大碗中，打至 5 分发，出花纹即可。
5. 蛋白加入白砂糖（20g）打至九分发。
6. 打蛋白的同时，水和剩余的白砂糖（70g）放入小锅中加热至 118℃。（ 如没有温度计，可目测，当煮开的糖水表面的泡泡从大变成细密的小泡，就可以了。）
7. 将煮好的糖水立即倒入蛋白中，一边倒一边继续打发，给蛋白降温。温度降下来后，放在一边备用。
8. 取一半稍凉的蛋白霜倒入打发的奶油中，用刮刀拌匀。拌匀后，再加入剩余的蛋白霜，继续用刮刀拌匀。再倒入打好的马斯卡彭奶酪糊，继续用刮刀拌匀。
9. 用圆形的刻模将海绵蛋糕刻成圆形小片，放入烤碗中，并厚厚地刷上一层咖啡酒，舀入提拉米苏面糊。刮平表面的面糊，轻轻震几下，用保鲜膜包好，放入冰箱中冷藏过夜。吃之前表面撒一层可可粉即可。

Tips

正宗的提拉米苏都是放手指饼干的。只是海绵蛋糕和手指饼干的口味基本一致，做法也是相同的，所以更喜欢海绵蛋糕的绵软。
这里用的海绵蛋糕底用的是 P70 海绵蛋糕用料的一半和 8cm×8cm 的方形烤盘。

挞、派、千层酥皮点心也是备受人们喜爱的甜点。挞（Tart）和派（Pie）是西点里的一对亲兄第，它们之间的分别很小，它们可以使用同样的面团，一般挞模的四边是直的，派模的四边是斜的，很多派都有"盖"，而挞常常是开放的，对于家庭烘焙来说，无需在意这些小小的区别，利用手中的模具制作符合家人口味的甜点就好。

甜酥面团

用甜酥面团制作的挞皮质地酥松，除了做挞皮，甜酥面团还可以用来制作酥饼干。甜酥面团中还可以加入可可粉、抹茶粉、杏仁粉，制作出不同口味的挞皮。

用料：

无盐黄油 / 100g
盐 / 1 小撮
糖粉（或白砂糖）/ 70g
低筋面粉 / 200g
全蛋 / 20g

制作方法：

① 黄油恢复至室温后，用打蛋器打至蓬发、顺滑。

② 加入盐搅拌均匀，加入白砂糖搅打至和黄油融合到一起。

③ 分次加入蛋液，每次加入后都要搅打至蛋液和黄油融合到一起后再加入下一次。

④ 筛入面粉，用刮刀切拌至没有干粉，用手揉成团，用保鲜膜包好后放入冰箱冷藏室冷藏至少 3 小时。

Tips

用甜酥面团制作挞坯，烘烤时无需加烘焙重石或者重物，可直接烘烤。

咸酥面团

咸酥面团与甜酥面团不同之处除了糖的用量非常少之外，手法上也不同，甜酥面团中的黄油与面粉充分混合，所以派皮既酥又柔软；制作咸酥面团时，油脂是揉到面粉中的，并且不完全混合，加水以后面粉会产生筋性，口感上更松脆。

用料：

无盐黄油 / 115g
低筋面粉 / 150g
白砂糖 / 3g
盐 / 1 小撮
蛋黄 / 6g
水 / 30ml（约 30g）

制作方法：

① 黄油恢复至室温。面粉放入冰箱冷藏室冷藏。蛋黄与水混合搅拌，加入盐和白砂糖，搅打均匀，放入冰箱冷藏室。

② 软化的黄油放入冷藏后的面粉中，用硅胶刀切拌，从大块切拌成碎屑状，手法一定要利落。

③ 倒入冷藏的蛋液，搅拌至混合，用手揉成团，用保鲜膜包起来，放入冰箱冷藏室冷藏至少 3 小时以上。

Tips

用咸酥面团制作的挞皮，烘烤时要包上锡纸（可以不用烘焙重石）烘烤。

千层酥皮面团

千层酥皮面团和可颂面团的不同在于不添加酵母，靠黄油融化的水汽膨胀，可以用来制作蓬松有层次的酥皮甜点或者挞皮。

用料：

高筋面粉 / 100g
低筋面粉 / 100g
无盐黄油 / 160g
盐 / 1/2 小匙
水 / 70ml
薄面（撒表面用的面粉）/ 适量

制作方法：

1. 低筋面粉、高筋面粉混合均匀，放入冰箱冷藏室。水和盐混合搅匀，放入冰箱冷藏室。无盐黄油切丁，放入冰箱冷藏室。

2. 把冷藏后的黄油丁，放入冷藏后的面粉中，用硅胶刀切拌，使黄油变成小丁，且裹满面粉。

3. 倒入冰盐水，用手抓匀，直到看不见干粉，团成面团，用保鲜膜包好，放入冰箱冷藏室，饧 6 小时以上。

4. 砧板上撒一些薄面，把冷藏后的面团取出放在砧板上，表面撒一些薄面，用擀面杖将面团擀开，然后折叠成三层。

5. 把折后的面片旋转 90 度，再次擀开，然手再折成三折，再擀开，再折。

6. 如此反复折叠 5 次，即成千层派皮。

Tips

传统包裹黄油折叠擀开的方法对技术操作的要求非常高，操作不好混油、漏油的状况百出，这种千层酥皮的制作方法相对简单，效果也不错。可以用中筋面粉代替用料中的高筋面粉和低筋面粉。在擀制和折叠面团的过程中，面筋会收缩，不容易擀开；另外，黄油也会因为软化而增加难度，特别是温度高的时候，这种情况下，最好将面团用保鲜膜包好，放回冰箱冷藏室，让面团饧一下再接着擀。

甜杏蛋挞

用甜酥面团制成的挞皮和酸酸甜甜的甜杏酱特别搭配。

用料:

甜酥面团 / 160g
甜杏酱 / 30g
甜杏 / 2 个
鸡蛋 / 1 个
鲜奶油 / 60g
白砂糖 / 30g

模具:

6 寸活底模

制作方法:

1. 将挞皮面团取出,用擀面杖隔着保鲜袋擀开成一张 4mm 厚的面皮(大小比派盘大一些),把保鲜袋四周裁开,揭开面皮表面的保鲜膜,翻转面皮,扣在模具上,去掉下面的保鲜膜,把周边的面皮折进模具,使底部和模具紧紧贴合,用擀面杖从派盘上擀过,去掉多余的面皮。用手指轻轻按压模具内侧的边,使面坯和模具更为贴合。

2. 整理一下不平整的地方。用叉子在面坯底部均匀地扎一些气孔,放入冰箱冷藏室,冷藏 30 分钟以上。

3. 烤箱 170℃预热,将挞皮放入烤箱烘烤 30 分钟。烤好后取出放在晾晒网上晾凉,然后脱模。

4. 鸡蛋在料理盆中打散,加入白砂糖,搅拌至溶解,加入鲜奶油搅拌至糊状。甜杏切成去核,切成小丁。

5. 在烘烤过的挞皮底上涂一层甜杏酱,撒上甜杏果粒,然后倒入蛋挞汁。

6. 烤箱 180℃预热,将挞皮放入烤箱烘烤 30 分钟。将派盘取出放在晾晒架上晾凉后脱模。

Tips

判断蛋挞是否烤好了,可以轻轻晃动派盘,如果挞汁不会跟着晃动即为烤好了。
甜杏酱做法:杏(500 个)洗净后去核,撒上白砂糖腌 1 小时左右,开中小火开始熬煮,因为经过腌制会出水,如果觉得汁水不够多可以少少地加两三汤匙水,千万不要多加,熬至软烂,用勺背将果肉碾压碎即可。加入的糖量可根据个人口味掌握。

抹茶挞

翠绿抹茶以色诱人，带着未经矫饰的微苦气味，带给真正懂得欣赏它美妙的人愉悦！

挞皮用料：

无盐黄油 / 100g
白砂糖 / 30g
蛋黄 / 1 个
盐 / 1 小撮
低筋面粉 / 150g
抹茶粉 / 13g
白巧克力 / 60g
鲜奶油 / 180g
糖粉（装饰）/ 适量

模具：

6 寸活底派盘

制作方法：

① 低筋面粉、抹茶粉（5g）混合均匀，过筛备用。

② 黄油在室温下软化后，加盐打至顺滑，然后加入白砂糖搅打均匀。分次加入蛋液，每次加入后都要搅拌至顺滑。

③ 加入过筛后的面粉，用硅胶刀切拌均匀至看不见干粉，用手团成绿色的面团，用保鲜袋包好，放入冰箱冷藏室冷藏至少 2 ~ 3 小时。

④ 将挞皮面团取出，用擀面杖隔着保鲜袋擀开成一张 4mm 厚的面皮（大小比派盘大一些），把保鲜袋四周裁开，揭开面皮表面的保鲜膜，翻转面皮，扣在模具上，去掉下面的保鲜膜，把周边的面皮折进模具，使底部和模具紧紧贴合，用擀面杖从派盘上擀过，去掉多余的面皮。用手指轻轻按压模具内侧的边，使面坯和模具更为贴合。

⑤ 整理一下不平整的地方。用叉子在面坯底部均匀地扎一些气孔，放入冰箱冷藏室，冷藏 30 分钟以上。

⑥ 烤箱 170℃预热，将挞皮放入烤箱烘烤 30 分钟。烤好后取出放在晾晒网上晾凉，然后脱模。

⑦ 白巧克力（10g）切碎放在小碗里，隔水融化，用刷子在挞皮底上刷一层白巧克力。

⑧ 制作挞汁：鲜奶油倒入小锅中，加热至微沸，筛入剩余的抹茶粉（8g），搅拌至抹茶粉完全化开，放入切碎的白巧克力（50g），待巧克力与抹茶奶油完全融合成流动的挞汁后，倒入挞皮中。

⑨ 把抹茶挞放入冰箱冷藏室，待挞汁凝固变硬后取出，在表面筛上一些糖粉装饰即可。

Tips

这款挞皮的配方烘烤后不易变形，所以烘烤时不需要加重石压。
往表面撒糖粉时，可以借助蕾丝、饼干模凹造型。

蔬菜蛋挞

新鲜的蔬菜赋予挞和派独特的口感和味道，作为聚会的小食，搭配葡萄酒或者啤酒都是不错的选择。

用料：

冷藏咸酥面团 / 200g
芦笋 / 100g
樱桃番茄 / 100g
鸡蛋 / 2 个
鲜奶油 / 100g
盐 / 1 小匙
黑胡椒碎 / 1/4 茶匙
芝士粉 / 1 汤匙
蛋黄（刷挞坯用）/ 10g

制作方法：

① 冷藏咸酥面团用擀面杖隔着保鲜袋擀开成一张 4mm 厚的面皮（大小比派盘大一些），把保鲜袋四周裁开，揭开面皮表面的保鲜膜，翻转面皮，扣在模具上，去掉下面的保鲜膜，把周边的面皮折进模具，使底部和模具紧紧贴合，用擀面杖从派盘上擀过，去掉多余的面皮。用手指轻轻按压模具内侧的边，使面坯和模具更为贴合。用叉子在底部均匀扎一些气孔，之后放入冰箱冷藏室冷藏 2 小时以上。

② 烤箱 200℃预热，取出制好的挞坯，裁剪一张能整个包裹住挞坯和模具的锡纸，在锡纸一面涂上黄油，把涂黄油的一面覆盖在冷藏过的挞坯上，使挞坯和锡纸贴合，放入烤箱，烘烤 30 分钟左右。

③ 取出烤好的挞坯，去掉锡纸，在挞皮表面刷一层蛋黄，放在晾晒网上冷却。

④ 制作挞液：芦笋削去根部老硬的外皮，清洗干净，沥去水分，切成小段。樱桃番茄去蒂，洗净沥干水分，对半切开。

⑤ 鸡蛋打散后，加入鲜奶油，搅拌均匀，过筛。之后加入盐、黑胡椒碎和芝士粉，搅打均匀。

⑥ 在挞坯中放入备好的番茄、芦笋段，倒入调好的奶油蛋汁。

⑦ 烤箱 180℃预热。派盘移入烤箱烘烤 25 分钟左右即可。

> **Tips**
> 蔬菜在烤制过程中会析出水分，所以挞坯烤好后刷一层蛋液，这层蛋液有隔离水分的作用。彩椒、洋葱、土豆、茄子、角瓜都可以用来烤制蔬菜挞，只是含水量大的蔬菜可以提前

苹果派

酥脆的派底和香浓软糯的苹果馅相得益彰，味道绝佳。

挞皮用料：

基础咸酥面团 / 160g
苹果 / 2 个（约 450g）
无盐黄油 / 20g
黄砂糖 / 30g
柠檬汁 / 2 小匙
肉桂粉 / 1/2 小匙
低筋面粉 / 5g
牛奶 / 150ml
香草荚 / 1/4 根

模具：

6 寸派盘

制作方法：

① 冷藏咸酥面团用擀面杖隔着保鲜袋擀开成一张 4mm 厚的面皮（大小比派盘大一些），把保鲜袋四周裁开，揭开面皮表面的保鲜膜，翻转面皮，扣在模具上，去掉下面的保鲜膜，把周边的面皮折进模具，使底部和模具紧紧贴合，用擀面杖从派盘上擀过，去掉多余的面皮。用手指轻轻按压模具内侧的边，使面坯和模具更为贴合。用叉子在底部均匀扎一些气孔，之后放入冰箱冷藏室冷藏 2 小时以上。

② 烤箱 200℃ 预热，裁剪一张能整个包裹住挞坯和模具的锡纸，在锡纸一面涂上黄油，把涂黄油的一面覆盖在冷藏过的派坯上，使派坯和锡纸贴合，放入烤箱，烘烤 30 分钟左右。

③ 取出派坯，表面刷一层蛋液，放在晾晒网上晾凉。

④ 苹果清洗干净，去核，切成小块，加入柠檬汁拌匀。香草荚剖开，刮出香草籽，放入牛奶中，然后将牛奶煮至沸腾，放置一边备用。

⑤ 炒锅中放入黄油，小火烧至黄油融化，倒入苹果丁翻炒，稍后倒入黄砂糖和肉桂粉继续翻炒，待苹果丁析出水分，转小火慢慢熬煮，直到苹果丁变得较软。

⑥ 加入低筋面粉，翻炒均匀，加入牛奶，继续翻炒至馅料成粘稠状，倒入派坯中。

⑦ 烤箱 180℃ 预热。派盘移入烤箱烘烤 30 分钟，取出派盘，表面撒一层黄砂糖，派盘放回烤箱，上火调至 230℃，烘烤至表面的糖焦化即可。

Tips

苹果中加入柠檬汁既可以防止苹果氧化变色，又可以增加苹果的风味。
如果不喜欢那么多糖，表层的黄砂糖也可以不撒。

黄桃挞

罐头黄桃和杏仁奶油的组合，味美多汁和松脆的挞皮相得益彰。

用料：

咸酥面团 / 250g
无盐黄油 / 85g
细白砂糖 / 50g
鸡蛋 / 60g
杏仁粉 / 85g
罐头黄桃 / 100g

用料：

8 寸活底派模

制作方法：

① 冷藏咸酥面团用擀面杖隔着保鲜袋擀开成一张 4mm 厚的面皮（大小比派盘大一些），把保鲜袋四周裁开，揭开面皮表面的保鲜膜，翻转面皮，扣在模具上，去掉下面的保鲜膜，把周边的面皮折进模具，使底部和模具紧紧贴合，用擀面杖从派盘上擀过，去掉多余的面皮。用手指轻轻按压模具内侧的边，使面坯和模具更为贴合。用叉子在底部均匀扎一些气孔，之后放入冰箱冷藏室冷藏 2 小时以上。

② 烤箱 200℃ 预热，裁剪一张能整个包裹住挞坯和模具的锡纸，在锡纸一面涂上黄油，把涂黄油的一面覆盖在冷藏过的派坯上，使派坯和锡纸贴合，放入烤箱，烘烤 30 分钟左右。取出晾凉。

③ 黄油在室温下软化后，用打蛋器打至顺滑，加入白砂糖，搅打至和黄油融合。分次加入蛋液，每次搅打至完全融合后再加入下一次。再加入杏仁粉，搅打均匀成杏仁奶油。

④ 罐头黄桃沥去汁液，切成 5mm 厚的片。

⑤ 将杏仁奶油装入裱花袋，螺旋形挤在挞皮底部，再将黄桃果肉片呈螺旋状码在杏仁奶油上。

⑥ 烤箱 180℃ 预热。派盘移入烤箱烘烤 35 分钟左右。

> **Tips**
>
> 杏仁奶油是挞、派的好搭档，做好后可冷藏保存 3～4 天，使用前回温后充分搅拌，让奶油变得蓬松即可。

迷你水果挞

用不同水果制作的迷你水果挞最适合聚会时招待朋友，丰富的色彩和口味可以为你赢得赞美哦！

挞皮用料：

咸酥面团 / 400g
蛋黄 / 2 个
细白砂糖 / 20g
低筋面粉 / 10g
玉米淀粉 / 10g
牛奶 / 200g
细白砂糖 / 10g
香草精 / 1 小匙
鲜奶油 / 100g
猕猴桃 / 1 个
罐头黄桃 / 50g
草莓 / 50g
鲜薄荷叶 / 1 枝

模具：

小蛋糕连模

制作方法：

1. 冷藏咸酥面团用擀面杖隔着保鲜袋擀开成一张 4mm 厚的面皮，用直径 10cm 的圆形刻模刻成圆形小片，把刻好的面片压入小蛋糕模中。

2. 烤箱 180℃ 预热。蛋糕模移入烤箱烘烤 25 分钟左右。取出晾凉备用。

3. 制作卡仕达酱：蛋黄加入细白砂糖打至粘稠发白，将低筋面粉和玉米淀粉混合筛入，搅拌均匀。加入牛奶、香草精和白砂糖搅拌均匀。

4. 调好的蛋奶糊倒入小锅中，开小火，不停地搅拌，直到呈现粘稠但稍流动的糊状，关火，把锅放在凉水或冰箱里降温，这样卡仕达酱就做好了。

5. 猕猴桃削去外皮，切片。黄桃历经汤汁切片。草莓去蒂切片。

6. 鲜奶油用电动搅拌器打发，与之前做好的卡仕达酱混合，搅拌均匀，装入裱花袋中。

7. 将卡仕达奶油挤入烤好的迷你挞模中，再摆上水果片和薄荷叶就可以了。

Tips

与卡仕达酱混合的鲜奶油要充分打发，鲜奶油打发之前确保已经在冰箱冷藏室冷藏 24 小时以上。
摆在挞上的水果可以根据季节和口味调换，樱桃、蓝莓、无花果、芒果……随意啦！
如果有小挞模可以直接使用小挞模，如果没有挞模用小蛋糕模代替即可。

南瓜香蕉派

南瓜和香蕉都是适合烘烤的天然食材，用它们制成的派，派皮松脆，馅料软糯，带给人温和的幸福感。

用料：

咸酥面团 / 300g
南瓜 / 250g
香蕉 / 1 根
淡奶油 / 50ml

制作方法：

1. 200g 冷藏咸酥面团，用擀面杖隔着保鲜袋擀开成一张 4mm 厚的面皮（大小比派盘大一些），把保鲜袋四周裁开，揭开面皮表面的保鲜膜，翻转面皮，扣在模具上，去掉下面的保鲜膜，把周边的面皮折进模具，使底部和模具紧紧贴合，用擀面杖从派盘上擀过，去掉多余的面皮。用手指轻轻按压模具内侧的边，使面坯和模具更为贴合。用叉子在底部均匀扎一些气孔，之后放入冰箱冷藏室冷藏 2 小时以上。

2. 南瓜蒸熟后，挖下南瓜肉，压成泥状，加入淡奶油，调匀。香蕉去皮，果肉切成圆片。

3. 取出派坯，将一半的奶油南瓜泥倒入派坯中摊平，把香蕉片码在南瓜泥中，然后倒入另一半南瓜泥摊平。

4. 把剩下的 1/3 冷藏咸酥面团擀成片，然后切成条状，把切好的"面条"交叉摆在派坯上。

5. 烤箱 180℃预热。将派盘移入烤箱烘烤 40 分钟左右。取出稍凉后即可食用。

Tips

因为南瓜和香蕉本身已经很甜，所以用料中没有额外加糖，也可以根据个人口味在南瓜泥中加糖。

清爽柠檬挞

一口下去，满满的都是清香酸爽的柠檬味道，那种美妙，不可言说。

挞皮用料：

甜酥面团 / 200g
鸡蛋 / 3 个
柠檬汁 / 120ml
白砂糖 / 150g
无盐黄油 / 50g
玉米淀粉 / 8g
绿柠檬（装饰用）/ 1 个

制作方法：

① 将挞皮面团取出，用擀面杖隔着保鲜袋擀开成一张 4mm 厚的面皮（大小比派盘大一些），把保鲜袋四周裁开，揭开面皮表面的保鲜膜，翻转面皮，扣在模具上，把周边的面皮折进模具，使底部和模具紧紧贴合，用擀面杖从派盘上擀过，去掉多余的面皮。用手指轻轻按压模具内侧的边，使面坯和模具更为贴合。

② 整理一下不平整的地方。用叉子在面坯底部均匀地扎一些气孔，放入冰箱冷藏室，冷藏 30 分钟以上。

③ 烤箱 170℃预热，将挞皮放入烤箱烘烤 30 分钟。烤好后取出放在晾晒网上晾凉。

④ 烘烤挞坯的时候开始制作柠檬奶油酱。鸡蛋在碗中打散，加入柠檬汁和玉米淀粉搅拌均匀。黄油切成小块。绿柠檬切片。

⑤ 将柠檬蛋液、黄油、白砂糖放入小锅中，小火加热，边煮边搅拌，煮到沸腾，立刻离火，继续搅拌，酱汁会越来越粘稠，放在一边稍凉后使用。

⑥ 煮好的柠檬奶油倒入派坯中，表面摆上绿柠檬片装饰。

⑦ 烤箱 180℃预热。将派盘移入烤箱烘烤 20 分钟左右。取出稍凉后即可食用。

Tips

做好的柠檬奶油酱如果用不完，可以用瓶子装起来，放在冰箱冷藏室，可以保存 5 ～ 6 天，用来涂抹面包或者当做冰激凌、水果淋酱。

酸爽杏酱派

酸爽的甜杏酱和酥松的派皮搭配，口感突出而又平衡。

用料：

干层面团 / 400g
自制甜杏酱 / 100g
蛋液 / 20g
薄面（撒表面用的面粉）

制作方法：

① 干层面团擀成 5mm 厚的面皮，用保鲜膜包好，放入冰箱冷藏室冷藏 2 小时。

② 面板上撒上薄面，将派皮从冰箱中取出，放在面板上，用圆形模具压出形状。

③ 用擀面杖将压出的圆形面片擀成椭圆形，边缘稍厚。

④ 舀一勺甜杏酱放在中间。面皮边缘薄薄地涂一层水，对折面皮，边缘用叉子压出花纹，表面刷一层蛋液，静置 2 小时。

⑤ 再刷一层蛋液，用牙签划出花纹，再戳几个小洞。

⑥ 烤箱预热 170℃，烤盘移入烤箱，烘烤 40 分钟左右，取出放在晾晒网上晾凉。

Tips

自制甜杏酱的做法请见 P107。甜杏酱也可以用自制或者市售的其他果酱代替。派坯上扎洞是为了使烤制过程中内部的热气能散发出去，防止破裂。制作大面皮剩下的边边角角可以稍加整形，在表面刷一层蛋液烤制，烤好后蘸果酱食用，味道也很好，而且也不会浪费。

酥皮蛋挞

酥皮蛋挞独有的香酥让很多人都爱不释口，是搭配茶和咖啡的美味茶点。

用料：

千层面团 / 500g
全脂牛奶 / 120ml
白砂糖 / 80g
淡奶油 / 100ml
蛋黄 / 5 个

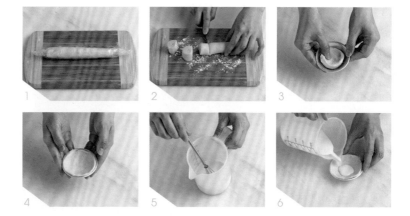

制作方法：

① 千层面团擀成 5mm 厚的片，从一头卷起，注意一定要将面皮卷紧实。

② 待将面卷直径卷至约 3cm 时，用刀将面皮斜切断，再将面皮边缘压实，并用保鲜膜将面卷包裹好，放入冰箱中冷冻 1 小时。然后继续将余下的面皮用同样的方法卷成面卷，放入冰箱冷冻。

③ 将冻硬的面卷从冰箱中取出，在室温下使其自然解冻，用手轻捏面卷，感觉面卷回软，可以捏动即可。

④ 把面卷外的保鲜膜揭开，用刀切成长约 3cm 的小段，每段约 25g。将面卷小段立放在蛋挞模中，用大拇指向四周捻按开。再用大拇指将面卷的边缘抹压在蛋挞模内壁上，不要留有空隙。

⑤ 一只手握住蛋挞模慢慢转动，用另外一只手的大拇指从面卷中心向外圈捻压。直至将蛋挞模中的面卷捻成一个与蛋挞模形状类似的碗状挞皮。

⑥ 接着慢慢转动蛋挞模，将挞皮边缘向上捻起至略高于蛋挞模边缘。并将所有的面卷小段用同样的方法捏好，再放入冰箱中冷藏 10 分钟。

⑦ 全脂牛奶倒入大碗中，加入白砂糖，用打蛋器轻轻搅动，使白砂糖充分溶化在牛奶中，在混合好的砂糖牛奶中加入淡奶油和蛋黄。用打蛋器轻轻的混合均匀，注意不要猛烈搅打，以免将淡奶油打至发泡。用细筛网将混合好的挞水过滤一次，以便去除其中的杂质

⑧ 烤箱 230℃预热，将蛋挞模从冰箱中取出，整齐的码放入烤盘中，再将混合好的挞水倒入蛋挞模中，约倒至蛋挞模高度的 2/3 处即可。将烤盘小心的移入烤箱中，注意不要将蛋挞模中的挞水洒出来，烤制 20 分钟左右即可。

Tips

因蛋挞模大小型号略有不同，所以在制作时要根据实际情况，灵活掌握面卷小段的大小，一般每段掌握在 25g 至 30g 左右比较适宜）烤好的蛋挞一次吃不完，可以用保鲜膜封好，放入冰箱中冷藏 1－2 天，再次食用时只需放入微波炉或烤箱中加热 1－2 分钟即可。

草莓派

开放式的派皮搭配打发的奶油和水果即成可口的甜点，制作简单又快捷。

用料：

千层面团 / 400g
鲜奶油 / 160g
白砂糖 / 30g
新鲜草莓 / 10 颗

制作方法：

1. 千层面团擀成 5mm 厚的长方片，切成 10cm 宽、15cm 厚的方片，表面用叉子扎一些孔，放入垫有烘焙纸的烤盘中。
2. 烤箱 200℃预热，将烤盘移入烤箱烘烤 30 分钟。取出，放在晾晒网上冷却。
3. 鲜奶油加入白砂糖，用电动打蛋器打发。草莓去蒂，洗净后用厨房纸巾吸干表面水分，切片。
4. 将打发的奶油装入裱花袋，挤在烤好的派皮上，将切好的草莓片码在奶油上即可。

--- Tips

打发的奶油也可以用卡仕达奶油代替，做法见 P69。水果也可以根据季节随意调换，芒果、榴莲、蓝莓喜欢吃什么放什么。
千层面皮用保鲜膜包好，放在冰箱冷冻室中保存，随时取用非常方便。

第 **5** 部分

百变面包 &
披萨

当把酵母、面粉和水混合在一起的时候,发酵就开始了……
面包,不论是被当做果腹的主食,还是被当满足口腹之欲的
点心,不期而至的香气味道,总是能带来很多幸福美好的
瞬间,足以让你爱上手工制作面包了!

手工面包的制作方式

● 直接发酵法：

将酵母和用料混合成团后直接发酵，发酵后的面团进行松弛、分割、整形等流程制成成品。用直接法制作面包制作流程相对简单，发酵时间短。

● 加汤种的直接法：

利用淀粉糊化的原理，将部分面粉与开水混合成糊状，制成"汤种"，加入面团中的制作方法，其余制作过程同直接法。加入汤种可以延缓面包的老化，使面包组织更柔软。

● 中种法：

将用料中的一定量面粉、水和全部的酵母搅拌均匀，发酵成中种面团，再将中种面团与其余用料搅拌成主面团，经过松弛、分割、整形等制作流程制成成品。中种法制成的面包个头更大，组织柔软，老化也相对较慢。

手工面包的制作过程

【称量】

预先把需要的用料精准的称量出来、备好，是手工制作面包成功的基础。也可以使制作过程不至于手忙脚乱。

【搅拌揉面】

将干性材料与湿性材料混合，经过拌和形成制作面包的面团，从最初湿黏慢慢变成干爽的面团，持续拌和产生面筋，并使面团具有弹性及延展性，并呈现不同程度的薄膜，制作不同的面包。

面团扩展阶段：面团具有延展性，可拉出稍具透明的薄膜，适合制作一般的软面包或者一些加入粗粒配料的面包。

完全阶段：面团可拉出大片透明且不易破的薄膜，达到这一阶段的面团可以制作富于筋性、体积较大的吐司类面包。

> Tips
>
> 由于面粉的吸水性不同，甚至环境的干、湿度也会对面团产生影响，所以拌和面团时不要把水或液体一次性加入，可以预留出 10 克，视面团的软硬程度再加入。黄油不要一开始就加入，因为黄油有阻断面筋形成的作用。

面团揉好后就可以进行发酵（面团之所以会发酵，是因为酵母消耗了淀粉中的糖分，产生了二氧化碳，二氧化碳气泡使面团膨胀）了。可以将面团收出一个光滑面，放在盆中，盖保鲜膜或潮湿的布放在温暖处进行首次发酵。当然如果天气温暖，可以在室温下发酵，如果天气比较冷就要找一个相对暖和的环境。还有一些配方是需要长时间低温发酵，需要把面团放入这时要根据具体配方来操作。判断面团是否发好的方法就是用食指沾一些干面粉，直接戳进面团底部，拿出手指后如果面团不回缩就表示已经发酵完成。

首次发酵完成的面团取出后用手轻轻按压一下，排出面团中的空气，然后按照配方分割成小块，滚圆后静置一会，使面团松弛。接下来就是整形，整形好的面团放在烤盘中，烤盘中要铺油纸或油布，以免粘连。整形好的面团要做最后发酵，这一步也非常关键。比较专业的会将整形好的面团放发酵箱中，我们在家中可以用烤箱代替发酵箱，具体做法是先将烤箱温度调至 100 度，时间为 10 分钟，里面放上一盆热水，等烤箱关火后将面团放入，注意热水不要取出，直至面团发至两倍大即可取出烘烤。检查面包坯最后发酵是否到位，手指沾干粉轻触面团表面，按下后几乎不回弹说明面团发酵完成。

Tips

温度对发酵来说至关重要，温度较高时酵母的活性较强，生长或繁殖的速度较快，不过如果发酵温度过高，面包就会产生不太好的味道。

松弛的意义：面团滚圆后，内部的空气被挤压排出，而失去原有的延展性和柔软度，因此需要给面团放松，以方便接下来的整形工作。

【整形】

想要烤制出不同造型的面包，就需要给面团整形，这也是手工制作面包的乐趣。整形后的面包坯放入烤盘时要掌握好间距，避免再移，以免破坏外观。

【烤制】

在烤制之前有些配方可能要在面团上刷蛋液，或者是划出刀口等等。无论是刷蛋液还是划刀口，注意动作一定要轻，薄厚要一致。还有一些配方会要求在烤前喷水，然后就可以进预热好的烤箱中了。烤好的面包取出后要马上从烤盘中取出，放在烤架上，不然水蒸气会将烤好的面包底部变软，影响面包的口感。放凉后的面包要放入保鲜袋中保存。

白面包

像云朵一样轻盈柔软的白面包，有着淡淡的奶香味，非常适合老人和孩子食用。

用料：

高筋面粉／200g
无盐黄油／20g
白砂糖／15g
盐／2g
干酵母／5g
牛奶／110g
温水／30g
薄面（撒表面用）／适量

制作方法：

1. 高筋面粉、盐、白砂糖混合搅拌均匀。温水中加入干酵母，搅拌均匀至酵母化开，倒入牛奶，搅拌均匀。
2. 将牛奶酵母水倒入面粉中，搅拌均匀，开始揉面。揉至可拉出较厚的膜，加入无盐黄油，慢慢将黄油与面团揉至完全融合，并继续揉成可以拉出半透明的膜（扩展阶段）。
3. 将面团放在容器内，盖上潮湿的布或保鲜膜，进行基础发酵。
4. 基础发酵完成后，将面团排气并分成每个30g重的小剂子，滚圆后松弛10分钟。
5. 将松弛过的面团在薄面中滚一下，让面团表面沾满薄面，然后用擀面杖在面团中间深深压一下。压好的面团码入烤盘中，放在温暖湿润的地方进行最后发酵。
6. 发酵结束后，在面包坯表面厚厚地撒一层薄面。
7. 烤箱160℃预热，将烤盘移入烤箱中层，烘烤12～15分钟，取出在晾晒网上冷却。

Tips

因为面包表面有面粉，所以烘烤后面包的表皮上色不深，吃的时候把表面的面粉扫掉即可。

紫薯环面包

紫薯天然的色彩、口感和香气给这款面包带来了惊喜！

用料：

高筋面粉 / 120g

奶粉 / 5g

白砂糖 / 15g

盐 / 2g

干酵母 / 3g

水 / 70g

无盐黄油 / 15g

去皮紫薯 / 120g

牛奶 / 1汤匙

蛋液（刷表面用）/ 适量

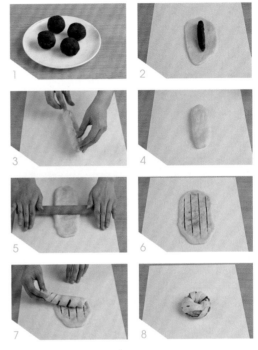

制作方法：

1. 高筋面粉、奶粉、白砂糖（10g）、盐混合均匀。干酵母加水化开，加入到面粉中，混合均匀，开始揉面，揉至面团可拉出较厚的膜，加入软化的黄油，继续揉面。揉至面团光滑，出现半透明的膜（扩展阶段），把面团放在盆中，用潮湿的布或保鲜膜盖上进行基础发酵。

2. 去皮紫薯切块，用微波炉或者蒸锅蒸熟，压成细腻的泥状，尽量不要有紫薯颗粒。之后在紫薯泥中加入牛奶和白砂糖（5g），搅拌均匀，达到湿润、细腻的状态。

3. 将加工好的紫薯泥分成等量的四份，团成球状，用保鲜膜包好，待用。

4. 面团基础发酵完成后取出排气，并分割成4个剂子，滚圆后松弛10分钟。

5. 松弛后的剂子擀成椭圆形，同时将备好的紫薯球搓成圆柱状放在面皮中间，像捏饺子一样把面皮捏起来，翻转，把捏口朝下放好，用手压扁。接着用擀面杖擀成椭圆形。在面片上等间距划几刀，要切透面片，两端不要切断。

6. 从靠近身体一端拉起面片，边拉边向外卷起，然后将两端捏合在一起，形成一个环状。

7. 将制好的面包坯码在烤盘中，放在温暖湿润的地方进行最后发酵。发酵结束后，在面包坯表面刷一层蛋液（涨开的切口不要刷，只刷面皮部分）。

8. 烤箱170℃预热。将烤盘移入烤箱烘烤15分钟左右。

Tips

制作面包坯时，环状捏口处要尽量密合，以免散开。制作紫薯馅时，也可以将牛奶换成淡奶油，添加的量要根据紫薯馅的软硬把握，不要太稀，否则就不成形了。

香葱餐包

打开烤箱的一瞬间，混合着香葱、橄榄油和面团的香气就扑面而来，迫不及待地想咬一口。

汤种用料：

高筋面粉 / 25g
水 / 150g

主面团用料：

高筋面粉 / 100g
低筋面粉 / 50g
奶粉 / 6g
白砂糖 / 10g
盐、干酵母 / 各3g
蛋液、无盐黄油 / 各20g
水、汤种 / 各40g

香葱馅用料：

香葱花 / 30g
全蛋液 / 1汤匙
橄榄油 / 2小匙
黑胡椒碎、盐 / 各2g

制作方法：

1. 制作汤种：汤种材料放入小锅内，小火加热，边加热边搅拌，出现明显纹路，离火，盖上盖子晾凉。
2. 主面团用料中，除了黄油以外的其他材料混合，揉至面团可拉出较厚的膜，加入软化的黄油，继续揉面。揉至面团光滑，出现半透明的膜（扩展阶段），把面团放在盆中，用潮湿的布或保鲜膜盖上进行基础发酵。
3. 基本发酵结束后，将面团排气，并分割成约50g重的小剂子，滚圆松弛10分钟。
4. 松弛后的剂子擀成椭圆形，从椭圆形面团的窄处开始向内卷，并将面团尾端紧紧压合成橄榄形。将面包坯码在烤盘上，放在温暖湿润的地方进行最后发酵。
6. 最后发酵差不多完成时开始准备香葱馅料：将所有香葱馅料的用料混合调匀即成。
7. 最后发酵结束后，用锋利的刀子在面包坯中间纵向割一刀，然后填入适量的香葱馅。表面刷一层蛋液（避开割口处）。
8. 烤箱180℃预热。将烤盘移入烤箱烘烤15分钟左右即可。

Tips

香葱馅不要过早准备好，以免出水，影响效果。
做好的汤种用不完，可以用干净的玻璃瓶装好，放在冰箱冷冻室保存，可以保存5天左右。

迷迭香奶酪条

新鲜的迷迭香和奶酪让这款面包呈现出一种神秘的口感。

用料:

高筋面粉 / 100g
全麦面粉 / 50g
白砂糖 / 7g
盐 / 3g
干酵母 / 3g
水 / 97g
无盐黄油 / 10g
干鲜迷迭香 / 1 小把
车达奶酪 / 20g

制作方法:

1. 高筋面粉、全麦面粉、白砂糖和盐混合均匀。干酵母加入水中搅拌化开。将酵母水加入面粉中搅拌均匀，开始揉面。揉至面团可拉出较厚的膜，加入软化的黄油，继续揉面。揉至面团光滑，出现半透明的膜（扩展阶段），把面团放在盆中，用潮湿的布或保鲜膜进行基础发酵。

2. 奶酪用奶酪擦擦成碎屑与干迷迭香混合。

3. 基础发酵结束后，将面团取出排气，滚圆后松弛 15 分钟。

4. 将面团擀成长方形，表面撒上迷迭香奶酪碎，用手将迷迭香奶酪碎往面片里压一压，之后将面片折成三折，纵向切成 6 条。取一份切好的"面条"，双手捏住两端向相反方向扭成螺纹状。

5. 烤盘中撒一些玉米面，将面包坯码在烤盘中，放在温暖湿润处进行最后发酵。

6. 烤箱预热 180℃。最后发酵结束后将烤盘移入烤箱中，并迅速往烤箱中喷一些水，合上烤箱门，烘烤 15 分钟左右。

Tips

这款面包在烘烤前不用刷蛋液，可以在表面稍微喷一些水。

老式吐司

老式吐司的口感湿润、香甜、柔软，组织丝丝缕缕，用手撕着吃最棒！

酵头用料：

高筋面粉 / 125g
水 / 100g
白砂糖 / 10g
酵母 / 3g

主面团用料：

高筋面粉 / 125g
奶粉 / 15g
鸡蛋 / 1 个
盐 / 3g
白砂糖 / 30g
无盐黄油 / 25g

制作方法：

① 酵头用料混合，放在温暖的地方，发至膨胀后回落，内部呈蜂窝状。

② 做好的酵头与面团用料中除黄油外的用料混合，揉至出较厚的膜，加入黄油，继续揉至可以拉出大片结实的膜。放在温暖的地方进行基础发酵。

③ 发酵完成的面团取出排气后，分成 9 个等重的剂子，松弛 10 分钟。

④ 松弛后的面剂子搓成长度均等的条状，每三条一组编成辫子，编好的辫子两头对折，接头捏紧，放在吐司模中。盖上保鲜膜放在温暖的地方进行最后发酵。

⑤ 烤箱 190℃预热，将最后发酵完成的吐司坯移入烤箱，烘烤 30 分钟。出炉后表面刷一层黄油（分量外）。

Tips

酵头，就是在制作总面团之前，预先制备的那一部分面团。可能是在制作总面团的几个小时之前，或者更久。酵头面团有的质地很硬，有的则稀软。有些酵头含有食盐，有些则不含。有些使用干酵母来发酵，有些则利用鲜酵母发酵。

奶香吐司

奶香浓郁的吐司面包，搭配果酱或者火腿、煎蛋就是非常完美的早餐。

中种面团用料：

高筋面粉 / 170g
干酵母 / 3g
牛奶 / 110g

主面团用料：

高筋面粉 / 70g
奶粉 / 20g
白砂糖 / 20g
盐 / 2g
水 / 30g
无盐黄油 / 20g
蛋液（刷表面）/ 适量

制作方法：

1. 将中种面团用料中的干酵母与牛奶混合，搅拌至酵母化开，加入到高筋面粉中种揉匀，放在温暖湿润的地方发酵至约 3 倍大。
2. 发酵完成的中种面团与主面团中除黄油外的材料混合，揉至面团可拉出较透明的膜，加入软化的黄油，继续揉至面团可拉出大片透明且不易破的薄膜（完全阶段），放在温暖湿润的地方松弛 30 分钟。
3. 将松弛后的面团取出排气后，将面团分成 3 等份，滚圆后松弛 15 分钟。
4. 将松弛后的面团擀成椭圆形，翻面后卷成圆柱状放在吐司盒中。将吐司盒放在温暖湿润的地方进行最后发酵。
5. 烤箱 190℃预热。发酵结束后，面包坯表面刷上蛋液，将吐司模移入烤箱下层，烘烤 30 ～ 35 分钟。取出即刻脱模，放在晾晒网上晾凉。

迷你小面包

一口就能吃掉的迷你小面包，给孩子做零食或者搭配巧克力酱、抹茶酱作为小甜点都很很不错哦！

用料：

中筋面粉 / 500g
温水 / 230g
干酵母 / 5g
鸡蛋 / 1 个
香草精 / 1 小匙
盐 / 1 小匙
牛奶 / 100g
无盐黄油 / 20g

制作方法：

① 干酵母加入温水中化开。无盐黄油隔水融化。

② 鸡蛋磕入料理盆中，加入香草精、盐和牛奶，搅打均匀。倒入酵母水，搅拌均匀。加入一半的面粉，搅拌均匀至没有干粉，再加入另一半面粉，继续搅拌均匀至没有干粉。盖上潮湿的布或者保鲜膜进行基础发酵。

③ 判断是否发酵好，观察面团是否涨发，并且可以用手指按压面团，感觉面团有弹性即可。

④ 面板上撒上薄面，将面团取出排气后松弛 10 分钟。然后用擀面杖擀成 1cm 厚的片，用轮刀切割成 4cm 见方的小块。

⑤ 将切好的小块面饼码放在烤盘中，放在温暖湿润的地方进行最后发酵。发酵完成后在表面刷一层蛋液。

⑥ 烤箱 180℃预热。将烤盘移入烤箱，烘烤 18 分钟左右。

---- Tips ----

擀面的时候不要擀得太薄，太薄就成饼了。

蜂蜜榛子面包

蜂蜜和榛子经过烘烤，与面香合二为一，越嚼越香让人停不了口。

面团用料：

高筋面粉 / 200g
干酵母 / 3g
细白砂糖 / 20g
盐 / 3g
鸡蛋 / 1个
水 / 70g
无盐黄油 / 30g
蛋液（刷表面）/ 适量

馅料：

蜂蜜 / 30g
榛子仁 / 20g

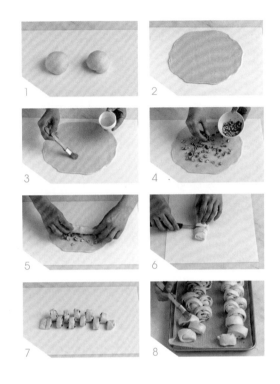

制作方法：

1. 面团用料中，除黄油和刷表面的蛋液以外的所有用料混合，揉至面团能拉出较厚的膜，加入软化的黄油，继续揉面。揉至面团光滑，出现半透明的膜（扩展阶段），把面团放在盆中，用潮湿的布或保鲜膜盖上进行基础发酵。

2. 基础发酵结束后，将面团取出排气，分成连个等量的面团，滚圆后松弛 15 分钟。

3. 松弛后的面团擀成圆形，表面刷一层蜂蜜（四边不刷），撒上切碎的榛子仁，用手轻轻压一压，然后从靠近身体的一端向外推卷成长条形，卷的时候卷紧一些，卷好后封口朝下放平。

4. 用刀从一侧自上而下等间距切开，留 1 ~ 2cm 的边不切断，切好后将面包坯推入烤盘，放在温暖湿润的地方进行最后发酵。

5. 烤箱 180℃预热。发酵结束后，面包坯表面刷上蛋液，将烤盘移入烤箱烘烤 20 分钟。取出放在晾晒网上晾凉。

Tips

也可以用其他坚果或者果干代替榛子。

菠萝包

松软香甜的美味菠萝包，搭配一杯鸳鸯奶茶或者咖啡，享受美好的小时光。

面团用料：

高筋面粉 / 150g
干酵母 / 3g
白砂糖 / 20g
盐 / 2g
蛋液 / 20g
水 / 75g
无盐黄油 / 20g

菠萝皮用料：

低筋面粉 / 70g
奶粉 / 5g
糖粉 / 30g
蛋液 / 12g
无盐黄油 / 30g

制作方法：

1. 面团用料中，除黄油以外的其他用料混合，揉至面团能拉出较厚的膜，加入软化的黄油，继续揉面。揉至面团光滑，出现半透明的膜（扩展阶段）。放在温暖处进行基础发酵。

2. 制作菠萝皮：无盐黄油软化后加入糖粉打至蓬发，分两次加入蛋液，每次都要等蛋液与黄油完全融合后再加入下一次。黄油与蛋液搅打融合后筛入低筋面粉和奶粉，拌至没有干粉，分成 4 份，和成团。

3. 面团发酵完成后，取出排气，并分成 4 等份，滚圆，松弛 15 分钟。

4. 手上涂一些干面粉，取一份菠萝皮，用手掌压扁，再将一份面团放在菠萝皮上，用握着菠萝皮的手挤压面团，使菠萝皮包裹住面团的大部分。

5. 将团好的面包坯菠萝皮在上码入烤盘中，并用刮板划出方格形的纹路，放在温暖湿润的地方进行最后发酵。

6. 烤箱 180℃预热。发酵完成的面包坯表面刷上蛋液（用料外），移入烤箱，烘烤 25 分钟。

Tips

烘烤时注意观察，如果菠萝皮已经烤到位，可以关掉上火，或者用锡纸覆盖。
传统的菠萝包是没有馅料的，但你可以在制作时夹入豆沙、奶黄等馅料。

香酥巧克力面包

巧克力和淡奶油带给这款面包香醇浓郁的口感，表面的酥粒更是香酥诱人。

面团用料：

高筋面粉 / 150g
可可粉 / 10g
白砂糖 / 25g
盐 / 2g
淡奶油 / 50g
牛奶 / 50g
干酵母 / 3g
无盐黄油 / 20g

酥粒用料：

低筋面粉 / 30g
可可粉 / 4g
白砂糖 / 20g
无盐黄油 / 15g

制作方法：

1. 面团用料中，除黄油以外的用料混合，揉至面团能拉出半透明的膜，加入黄油，揉至能拉出大片完整且不宜破的膜（完全阶段）。放在温暖的地方进行基础发酵。
2. 制作酥粒：将低筋面粉、可可粉和白砂糖混合拌匀。黄油切丁放入混合好的粉中，用手快速搓成麦麸状，盖上保鲜膜，放入冰箱冷藏室备用。
3. 发酵好的面团取出排气，滚圆后松弛 15 分钟。
4. 将面团擀成椭圆形，翻面拉出四角，擀成长方形。将面团自下而上卷起成柱状，一端压扁，包裹住另一端，形成环形。
5. 表面刷上蛋液，撒上酥粒，把环形面包坯撒酥粒的一面朝下，放入中空蛋糕模中。继续在朝上的一面刷上蛋液，均匀地撒上酥粒，放在温暖湿润的地方进行最后发酵。
6. 烤箱 180℃预热。发酵完成的面包坯移入烤箱，烘烤 25 分钟。

Tips

面包的形状不用拘泥于此，也可以用小的环形面包模烤制，或其他模子烤制。

原味贝果

贝果是犹太人的传统食物，因为烘烤前经过煮制，所以会呈现金黄的光泽和紧致的口感。

面团用料：

高筋面粉 / 300g
白砂糖 / 10g
盐 / 4g
干酵母 / 3g
水 / 170g
黄油 / 10g

糖水用料：

水 / 1000g
白砂糖 / 50g

制作方法：

1. 面团用料中，除黄油以外的其他用料混合，揉至面团能拉出较厚的膜，加入软化的黄油，继续揉面。揉至面团光滑，出现半透明的膜（扩展阶段）。
2. 将面团分割成 6 个大小相同的剂子，滚圆后松弛 10 分钟。
3. 将松弛后的剂子擀成椭圆形，翻面，横着向内折成三折，接口处压实。将面团搓成 25cm 长，一头压扁，用压扁的一边包裹住另一端，成为一个环。
4. 将搓好的面包坯即贝果坯码在屉布上，放在温暖湿润的地方进行最后发酵。
5. 糖、水用料混合煮开，把发酵完成的贝果坯放在糖水中，每面煮 30 秒，捞出，沥净水码入烤盘中。
6. 烤箱预热 200℃，烤盘移入烤箱，烘烤 20 分钟。

---- Tips ----

贝果面团煮制后不要再发酵，要立即烘烤。制作贝果面团时加入的水比较少，手工揉面会相对费力，可以借助面包机或厨师机揉面。烤好的贝果可以横着从中间剖开，涂抹果酱、奶酪或者加入火腿、蔬菜等食材制成三明治享用。

布里欧修

布里欧修是饱含黄油的欧洲传统面包,因为其柔软的质感,很适合做为早餐或是开胃品。

面团用料:

高筋面粉 / 250g
无盐黄油 / 125g
全蛋 / 150g
牛奶 / 60ml
白砂糖 / 30g
盐 / 5g
干酵母 / 5g

制作方法:

1. 把除黄油以外的其他材料混合,揉至面团能拉出半透明的膜,分次加入黄油,每次都要将黄油与面团充分揉匀后再加入下一次。

2. 将全部黄油都加进面团,并将面团揉至能拉出大片完整且不宜破的膜 (完全阶段)。用保鲜袋装好,放入冰箱冷藏过夜发酵。

3. 取出冷藏发酵的面团,分割成每个 50g 重的剂子,趁面团还冷时,把面团揉成锥形,用手掌在 1/3 处来回滚动压细,但不要压断。

4. 把较大一边的面团压入模子中,并在表面压出一个小坑,把较小一边的面团放入小坑中。全部整形完成后,放在温暖湿润处进行最后发酵。

5. 烤箱 180℃预热。发酵完成的面包坯表面刷上蛋液 (用料外),移入烤箱,烘烤 25 分钟。

Tips

制作布里欧修时,黄油和面粉的比例通常为 1:2 或者 3:4,黄油的用量非常大,一次性加入面团中不容易揉匀,所以要分次加入。发酵温度过高会造成面团走油,放在冰箱冷冻室里发酵可以保证发酵的质量。

可颂

可颂之所以吸引人，完全在于它酥松的口感和浓郁的黄油香味。

用料：

高筋面粉 / 300g
低筋面粉 / 100g
白砂糖 / 35g
盐 / 5g
无盐黄油 / 30g
牛奶 / 140g
水 / 100g
干酵母 / 5g
裹入黄油 / 240g

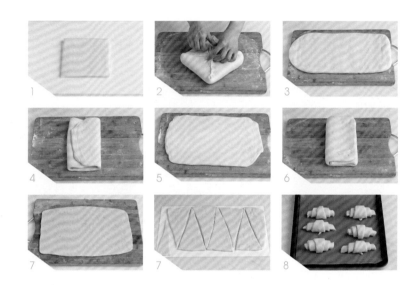

制作方法：

① 将烘焙纸折成 11cm 见方的方形，包入裹入黄油，用擀面杖敲软后，擀成方片，包好，放入冰箱冷藏至少 1 小时。

② 用料中除黄油外的其他用料混合，揉至面团出膜后加入黄油（30g），揉至面团可拉出半透明的膜（扩展阶段），压扁用保鲜袋装起来，放入冰箱冷冻室冷冻 30 分钟。

③ 面板上撒上薄面，取出面团擀成 22cm 见方的方形片，将黄油放在中间，用四角折上来把黄油包裹住，捏紧缝隙。

④ 将折好的面团擀开成长方形的面片，左右各折 1/3，用保鲜膜包好，放入冰箱冷藏放松 30 分钟。

⑤ 取出再次擀成长方形的面片，左右各折 1/3，用保鲜膜包好，再次放入冰箱冷藏放松 30 分钟。

⑥ 将折好的面团擀成 4mm 厚，切去四边多余的面皮，分割成底边为 7cm，高为 12cm 的等腰三角形。将三角形从底边开始卷起来，尖角朝下，排入烤盘中，表面刷上蛋液，放温暖湿润处进行最后发酵。

⑦ 烤箱 230℃预热。再次给面包坯刷一层蛋液，将烤盘移入烤箱烘烤 20～25 分钟。取出放在晾晒网上冷却。

┌─ Tips

给可颂坯刷蛋液时只刷表面，尽量避免沾到边缘。制作可颂时，擀制裹入黄油的面皮是难点，要防止漏油、混油，要尽量使黄油和面团的软硬度相似，不能硬到碎裂，也不能软到融化。如果在擀制过程中发现很难擀开或者黄油过软，一定要放回冰箱冷藏室冷藏松弛，千万不要硬擀。为了防止混油，可颂最后发酵的温度不要超过 30℃，最好能控制在 27℃左右。

德式奶酪包

经过煮烫，形成了德式奶酪包劲道的口感，表面撒的海盐与奶酪的甜形成了口感上的对比，很奇妙。

面团用料：

高筋面粉／250g
白砂糖／10g
盐／5g
干酵母／4g
水／150g
无盐黄油／10g

馅料用料：

马斯卡彭奶酪／60g
白砂糖／20g

碱水用料：

小苏打／5g
盐／5g
水／750g

制作方法：

1. 面团用料中，除黄油外的所有用料混合均匀，开始揉面，揉至面团可拉出较厚的膜，加入软化的黄油，继续揉面。揉至面团光滑，出现半透明的膜（扩展阶段），把面团放在盆中，用潮湿的布或保鲜膜盖上进行基础发酵。
2. 馅料中的马斯卡彭奶酪和白砂糖混合，搅打均匀成奶酪馅。
3. 发酵完成的面团取出排气，分割成50g重的剂子，滚圆后，松弛15分钟。
4. 松弛后的剂子在手中压成圆饼状，加一勺备好的奶酪馅，像包包子似的包好，用手掌轻轻搓成椭圆形，收口向下放在屉布上，放在温暖湿润的地方发酵30分钟。
5. 碱水用料混合煮开，把发酵完成的面包坯放在碱水中，整面煮4分钟，捞出，沥净水码入烤盘中，用刀在面包坯表面划两刀，撒一些海盐。
6. 烤箱预热200℃，将烤盘移入烤箱，往烤箱里迅速喷一些水，合上烤箱门，烘烤20分钟。

Tips

整形后的面包坯放在屉布上可防止粘黏。
煮过的面团不需要再发酵，需立刻烘烤。

免揉面包

如其名，这款面包真的不用揉，实在省力省心，它也不要求造型，粗犷、随意的外表下
是诱人的香气。

面团用料：

高筋面粉 / 400g
全麦面粉 / 50g
干酵母 / 2g
盐 / 2g
水 / 340ml

制作方法：

① 高筋面粉、全麦面粉、盐混合搅拌均匀。干酵母加入水中搅拌化开，倒入面粉中。

② 搅拌至无干粉即可，盖上保鲜膜，放在室温（20℃～23℃）下发酵 12～19 个小时。

③ 发酵完成后（面团呈蜂窝状），在面板上撒上薄面，取出面团，轻轻排气后上下左右对折 4 次，用手轻轻聚拢，
放在面板上，盖上湿纱布进行最后发酵（60～90 分钟）。发酵完成后在面包表面切十字口。

④ 将耐高温的铸铁锅或者陶瓷锅放入烤箱，上下火调至 230℃预热。

⑤ 取出预热的锅，将面团推入锅中，盖上盖子，重新放回烤箱，烘烤 30 分钟，拿掉盖子，继续烘烤 10 分钟，
至表皮呈现金黄色取出，放在晾晒网上冷却，面包的表皮因为遇冷会裂开，发出美妙的破裂声。

Tips

面团的含水量非常高，所以和面及整形的过程中不可能也不需要揉面。面筋会在长时间的发酵过程中形成。如果是
夏天，室温比较高，可放将面团放在冰箱冷藏室里发酵，需要的时间会更长。用铸铁锅来烤，是因为铸铁锅的导热
和储热性能都很好，盖上盖子，面团会在烘烤的过程中释放水蒸汽，可以使表皮酥脆。如果没有铸铁锅，烘烤时要
往烤箱里喷一些水，这样也能达到表皮酥脆的效果。

葡萄干软欧包

软欧包是最近比较受大家欢迎的面包，它兼具欧包酥脆的表皮和软面包柔软的内里。

老面用料：

高筋面粉／100g
干酵母／1g
水／100g

主面团用料：

高筋面粉／250g

全部老面用料：

白砂糖／20g
盐／3g
干酵母／3g
水／140g
无盐黄油／10g
葡萄干／适量
干粉／适量

制作方法：

1. 老面的用料混合，搅拌成团，放在容器里，用保鲜膜包好移入冰箱冷藏室冷藏 16 小时以上。
2. 将老面撕成小块，与主面团中的高筋面粉、白砂糖、盐、干酵母和水混合，揉至能拉出稍半透明的膜，加入黄油继续揉至能拉出半透明的膜（扩展阶段），加入葡萄干揉至混合，盖上潮湿的布或保鲜膜放在温暖湿润的地方进行基础发酵。
3. 发酵完成后，将面团取出轻轻排气，分割成 4 个剂子，滚圆后松弛 15 分钟。
4. 将松弛后的面团压扁，整形成三角形，捏口出向下放入烤盘中，放在温暖湿润的地方进行最后发酵。
5. 烤箱200℃预热。在发酵完成的面包坯表面喷一些水，撒上干粉，用利刃切口，移入烤箱，迅速往烤箱内喷一些水，关上烤箱门，烘烤20～25分钟。

Tips

软欧包柔软的组织在于老面。老面可以一次多做一些，放在冰箱冷冻室冷冻保存，使用前拿出解冻即可。

面包棒

面包棒的味道天然质朴，代替饼干做磨牙的小零食，或者搭配酱汁做开胃小食都是不错的。

用料：

高筋面粉 / 200g

无盐黄油 / 30g

水 / 110g

干酵母 / 5g

细白砂糖 / 10g

盐 / 3g

薄面（撒表面用的面粉）/ 适量

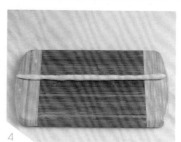

制作方法：

1. 将高筋面粉、细白砂糖、盐混合均匀，酵母加入水中化成酵母水。将酵母水加入面粉中搅拌均匀，开始揉面。揉至面团可拉出较厚的膜，加入软化的黄油，继续揉面。揉至面团光滑，出现半透明的膜（扩展阶段），把面团放在盆中，用潮湿的布或保鲜膜进行基础发酵。

2. 基础发酵结束后，将面团取出排气，分割成 15g 重的小剂子，滚圆后松弛 15 分钟。

3. 松弛后的剂子擀成椭圆形，从椭圆形面团的窄处开始向内卷，并将面团尾端紧压合成橄榄形，然后搓成长长的细条状。

4. 将搓好的条状面包坯码入烤盘中，放在温暖湿润处进行最后发酵。

5. 烤箱 170℃ 预热。最后发酵完成后将烤盘移入烤箱，迅速向烤箱内喷一些水，烘烤 12 分钟左右。

---- Tips ----

烤好的面包棒可以搭配牛油果酱、鹰嘴豆酱、番茄酱食用，也可以作为磨牙的小零食。

蒜香披萨

烘烤后的蒜油有一种扑鼻的香气，让人闻着就流口水，迫不及待地想吃到嘴里。

面团用料：

高筋面粉 / 250g
盐 / 1 小撮
干酵母 / 2g
橄榄油 / 1 小匙
温水约 / 150ml

馅料用料：

大蒜 / 4 瓣
橄榄油 / 3 汤匙
海盐 / 3g
新鲜迷迭香 / 1 枝
帕玛森奶酪 / 60g

制作方法：

1. 制作披萨面团：酵母与温水混合，起泡后倒入面粉中稍加搅拌，再加入盐和橄榄油，搅拌均匀，揉至光滑有弹性，用潮湿的布或保鲜膜盖好，放在温暖的地方进行基础发酵。
2. 烤箱 200℃预热。大蒜用压蒜器压成蒜泥，和橄榄油混合均匀。帕玛森奶酪用芝士刨刀刨成碎屑。
3. 发酵结束后，将面团拉扯按压成长方形，盖上保鲜膜松弛 15 分钟。
4. 松弛后的面饼上均匀地涂上蒜油，撒上帕玛森奶酪，扯下迷迭香的叶子随意扔在面饼上，最后撒上少许海盐。
5. 烤盘移入烤箱，200℃烘烤 12 ~ 15 分钟左右，至表面金黄即可。

意式萨拉米披萨

丰富的馅料是舌尖和味蕾的盛宴，披萨爱好者不可错过。

面团用料：

高筋面粉 / 250g
盐 / 1 小撮
干酵母 / 2g
橄榄油 / 1 小匙
温水约 / 150ml

馅料用料：

西红柿 / 1 个（约 300g）
番茄酱 / 100g
洋葱碎 / 100g
蒜碎 / 10g
干百里香 / 1 小匙
干罗勒 / 1 小匙
黑胡椒碎 / 2g
盐 / 1 撮
橄榄油 / 30g
马苏里拉奶酪碎 / 100g
萨拉米香肠 / 适量
生菜叶 / 1 小把

制作方法：

1. 制作披萨面团：酵母与温水混合，起泡后倒入面粉中稍加搅拌，再加入盐和橄榄油，搅拌均匀，揉至光滑有弹性，用潮湿的布或保鲜膜盖好，放在温暖的地方进行基础发酵。

2. 烤箱 220℃预热。同时开始准备披萨酱。番茄在顶部划十字口，用开水烫一下，剥去皮，切成小丁。

3. 炒锅里加入橄榄油（25g），中火加热，放入洋葱碎和蒜碎炒香，下番茄丁，转大火翻炒至番茄出沙，加入番茄酱、干百里香、干罗勒、黑胡椒翻炒均匀，转小火，煮 10 分钟，出锅前加盐调味。

4. 披萨盘里加小匙橄榄油（5g），用手均匀地涂满烤盘，将发酵好的面团放入烤盘中，边拉扯边按压与烤盘贴合，盖上保鲜膜，松弛 15 分钟。

5. 将炒好的披萨酱涂抹在松弛后的面饼上（边缘不要涂），撒上马苏里拉奶酪碎，转圈放上萨拉米香肠片。

6. 烤盘移入烤箱，烘烤 10 分钟左右。食用前可在披萨上撒上生菜叶，再擦一些奶酪碎丰富口感。

Tips

面饼在撒馅料前要先松弛，以免回缩。馅料可以根据个人的口味调整。

番茄奶酪披萨

奶酪和罗勒是一对好搭档，它们的组合给味蕾带了浓郁而又清新的体验。

面团用料：

高筋面粉 / 300g
盐 / 1 小撮
干酵母 / 2g
橄榄油 / 1 汤匙
温水约 / 200ml

馅料用料：

小番茄 / 200g
奶油奶酪 / 60g
蒜碎 / 8g
新鲜罗勒叶 / 1 把
黑胡椒 / 3g
海盐 / 3g
马苏里拉奶酪碎 / 100g
橄榄油 / 1 小匙

制作方法：

1. 制作披萨面团：酵母与温水混合，起泡后倒入面粉中稍加搅拌，再加入盐和橄榄油，搅拌均匀，揉至光滑有弹性，用潮湿的布或保鲜膜盖好，放在温暖的地方进行基础发酵。
2. 番茄切片，放在厨房纸巾上吸干水分待用。新鲜罗勒叶留下几片，剩余的切碎。
3. 奶油奶酪恢复至室温，搅打至顺滑，加入蒜碎和罗勒叶碎拌匀成奶油奶酪酱。
4. 烤盘里均匀地涂抹橄榄油，将发酵好的面团放入烤盘中，边拉扯边按压与烤盘贴合，盖上保鲜膜，松弛15 分钟。
5. 之后在面饼表面涂上一层奶油奶酪酱，撒上马苏里拉奶酪碎，将干燥的番茄片依次码在面饼上，最后撒上黑胡椒碎和海盐。
6. 烤箱 200℃预热。烤盘移入烤箱，烘烤 18 分钟左右，食用前在披萨上撒上新鲜的罗勒叶即可。

Tips

西红柿的水分比较多，最好用厨房纸巾吸干再使用。

第 **6** 部分

细致小甜点

这些令人舒服的，不费多少时间制作的风味布丁，味道香甜的舒芙蕾和泡芙，都是带给人们惊喜和愉悦的甜品。匆忙的早上或是倦怠的午后，就让这些手工制作的小甜点为身体补充能量吧，带来动力满满的一天。

南瓜布丁

温润、细腻，同时还兼具南瓜天然的香糯口感，不妨一试。

用料：

鸡蛋 / 2 个
白砂糖 / 35g
牛奶 / 65ml
淡奶油 / 65ml
南瓜泥 / 200g

制作方法：

1. 南瓜蒸熟后，取 200g 南瓜肉，压成泥状。
2. 鸡蛋打散，依次加入白砂糖、牛奶、淡奶油搅打均匀，与南瓜泥混合调成布丁液。
3. 混合好的布丁液过筛，倒入烤皿中。
4. 烤箱 160℃预热，在烤盘里注入热水（热水的温度为 50℃~60℃，水量为没过烤皿 1.5~2cm 为宜），把烤皿码入烤盘，烘烤 30~40 分钟即可。

Tips

如果想要更细腻的口感，可以将布丁液过筛两次或三次，以得到更细腻的口感。如果喜欢纤维多一点，也可以不过筛。这款布丁冷食或热食都可以。烤好的布丁可以放在冰箱冷藏室中保存 2 天左右，如果喜欢吃热的，可以用烤箱低温烘烤热即可。

焦糖布丁

焦糖独特的焦香和微苦，让品尝过这款布丁的人都留下了深刻的记忆。

用料：

牛奶 / 370g
鸡蛋 / 2 个
白砂糖 / 130g
热水 / 30ml
芒果粒 / 适量
鲜薄荷叶 / 1 枝

制作方法：

1. 熬制焦糖：白砂糖（100g）倒入小锅中，加入 1 汤匙冷水，开中小火熬制，此时不要搅拌，待糖基本融化后转小火，继续熬至糖焦化呈棕红色，出现小气泡，加入热水，搅拌均匀，制成焦糖液。

2. 在每个布丁杯里倒入一勺焦糖液，其余的留在小锅中。

3. 将牛奶和白砂糖倒入小锅中，开中火加热，边加热边搅拌，使焦糖液和牛奶融合均匀即可关火，放至温热。

4. 蛋液在搅拌盆中打散，倒 1/4 牛奶焦糖液进去，搅拌均匀，再将剩余的牛奶焦糖液全部倒进去与蛋液混合均匀成布丁液。

5. 调好的布丁液过筛，倒入布丁杯中。

6. 烤箱 160℃预热。在烤盘中注入热水（热水的温度为 50 ~ 60℃，水量为没过烤皿 1.5 ~ 2cm 为宜），将布丁杯码入烤盘，烘烤 30 ~ 40 分钟。

7. 在冷却后的布丁上装饰芒果粒和薄荷叶食用。

Tips

如果不是那么接受焦糖的味道，可以减少焦糖的量，杯底放的焦糖也可省略。

抹茶布丁

这是一款特别适合夏天食用的布丁，浓郁的奶香和清新的抹茶味为夏天带来了幸福感。

用料:

牛奶 / 250g
抹茶粉 / 5g
淡奶油 / 150g
炼乳 / 30g
吉利丁片 / 2 片
柠檬皮丝（装饰用）/ 适量
玫瑰糖粒（装饰用）/ 适量

制作方法:

1 吉利丁片加凉水泡软，使用前捞出沥净水备用。
2 牛奶倒入小锅中，加热至微沸，筛入抹茶粉，搅拌至抹茶粉化开。
3 重新加热抹茶牛奶至沸腾，倒入淡奶油、炼乳，搅拌均匀，加入泡软的吉利丁，充分搅拌至溶化。
4 将布丁液过筛后倒入杯子中，放入冰箱冷却至凝固。
5 在凝固的布丁表面加柠檬皮丝和玫瑰糖粒装饰即可。

---- Tips ----

抹茶粉不太容易溶化，可用勺背搓捻。
这款布丁中用炼乳代替了白砂糖，使奶香更浓郁。
吉利丁的融化温度不低于 40℃，将抹茶粉与牛奶搅拌均匀后，通常牛奶的温度就比较低了，所以需要重新加热。

咖啡布丁

滑润顺口，散发着咖啡香气的布丁。

用料：

Espresso 咖啡 / 100g
牛奶 / 200g
淡奶油 / 100g
吉利丁片 / 1 片
可可粉 / 2 汤匙
鲜薄荷叶 / 1 枝

制作方法：

1. 吉利丁片用冷水泡软备用。
2. 牛奶煮至微沸，与咖啡混合，搅拌均匀，加入吉利丁片，充分搅拌至溶化。
3. 加入淡奶油，搅拌均匀，过筛后倒入容器中。
4. 将装有咖啡布丁的容器放入冰箱冷藏室，冷藏至凝固。
5. 取出冻好的咖啡布丁，表面撒一层可可粉，用鲜薄荷叶装饰即可。

--- Tips
　　吉利丁要一定的温度才能溶化，如果咖啡牛奶的温度低于 40℃，就要先加热，再放入吉利丁片。
　　也可以用红茶代替咖啡，做成奶茶布丁，味道一样赞。

棉花糖巧克力布丁

胖嘟嘟的棉花糖经过烘烤慢慢溶化变成淡金色，与巧克力布丁合二为一。

用料：

消化饼干 / 100g
融化黄油 / 20g
鸡蛋 / 3 个
蛋黄 / 2 个
白砂糖 / 20g
无盐黄油 / 30g
淡奶油 / 100g
苦甜巧克力 / 150g
原味白棉花糖 / 9 粒

制作方法：

①　消化饼干放在保鲜袋里，用擀面杖敲打、碾压成碎屑状，与融化的黄油混合，拌匀。

②　在金属蛋糕模里放上纸杯，将每个纸杯里舀入适量拌好的饼干碎屑，并用勺背压实，作为布丁底。

③　无盐黄油切丁，苦甜巧克力切碎，一起放入容器中，隔热水融化，淡奶油用微波炉中火加热 1 分钟，倒入巧克力液中画圈搅拌至顺滑。

④　鸡蛋与蛋黄混合，在料理盆中打散，加入白砂糖，搅拌均匀。

⑤　融化的巧克力液倒入蛋液中，搅拌均匀成布丁液。

⑥　将布丁液倒入蛋糕模中至 9 分满，每个上面放一颗棉花糖。

⑦　烤箱 180℃预热。将烤模移入烤箱，烘烤 20 分钟，棉花糖融化变成金黄色即可。

---- Tips ----

巧克力和黄油、淡奶油进行"乳化"后让这款布丁更加美味。
如果不喜欢消化饼干，也可以用面包片或海绵蛋糕作为布丁底。

香草舒芙蕾

舒芙蕾是法式甜点，香气四溢，蓬松柔软。

用料：

牛奶 / 200g
白砂糖 / 70g
鸡蛋 / 3 个
低筋面粉 / 20g
香草荚 / 1/4 根

制作方法：

① 在舒芙蕾焗盅的内壁上涂一层黄油（用料外），放入冰箱冷藏室冷藏至黄油凝固，取出，在焗盅内装上白砂糖（用料外），旋转焗盅，使焗盅内壁粘满砂糖，倒出多余的白砂糖。依次准备好所有焗盅。

② 制作蛋奶糊：将鸡蛋的蛋白与蛋黄分别磕入两个料理盆中，蛋白放入冰箱冷藏室冷藏。

③ 剖开香草荚，取出香草籽，与牛奶一起倒入小锅中，同时加入白砂糖（50g）煮至沸腾，离火，冷却至50℃左右，筛入低筋面粉，搅拌成均匀的糊状。

④ 开小火继续加热面糊，边加热边搅拌至面糊有光泽，离火，分次加入蛋黄，并快速搅拌均匀。

⑤ 重新加热蛋奶糊，边加热边搅拌 1 分钟左右，离火后用保鲜膜盖好，放在一边冷却备用。

⑥ 取出蛋白，分次加入剩余的白砂糖（20g），用手持搅拌器将蛋白打发至硬性发泡。

⑦ 取 1/3 打发的蛋白与蛋奶糊混合，用切拌的手法拌匀，之后将剩余的蛋白全部倒入蛋奶糊中，继续拌至蛋白与蛋奶糊全部混合，分装在焗盅内。

⑧ 烤箱200℃预热。烤盘放入烤箱中层，注入热水（水深以1.5cm～2cm为宜），码入焗盅，烘烤30分钟左右。

Tips

要确保舒芙蕾均匀发起，一定要在焗盅内壁涂上黄油并撒上砂糖，烘烤过程中不要打开烤箱门，否则容易造成舒芙蕾塌陷。

芝香薯泥舒芙蕾

混合了马铃薯、芝士香味的舒芙蕾，不喜欢甜食的人可以选择这款舒芙蕾。

用料：

鸡蛋 / 2 个
马铃薯 / 1 个（约 300g）
车打奶酪 / 85g
帕尔马奶酪粉 / 30g
香葱 / 15g
黑胡椒碎 / 2g
盐 / 1 小撮
无盐黄油 / 20g

制作方法：

① 车打奶酪用奶酪刨刀刨成碎屑状。马铃薯洗净蒸熟，剥去外皮，压成泥。香葱切葱花备用。黄油隔水融化。

② 鸡蛋的蛋白与蛋黄分别磕入两个料理盆中，将装有蛋白的料理盆放入冰箱冷藏室冷藏。

③ 土豆泥与车打奶酪碎、帕尔马奶酪粉及蛋黄混合，搅打均匀，加入黑胡椒碎和盐调味，再加入融化的黄油，拌匀。

④ 取出冷藏的蛋白，用电动打蛋器打至硬性发泡。

⑤ 取 1/3 打发的蛋白与芝士薯泥混合拌匀，然后将剩余的蛋白也倒入薯泥中，拌合均匀，装入焗盅。

⑥ 烤箱 200℃预热。烤盘中注入热水（水深以 1.5 ~ 2cm 为宜），码入焗盅，烘烤 30 分钟左右。

Tips

为确保蓬发，同样要在焗盅内涂抹黄油并撒白砂糖。

奶油泡芙

蓬松酥脆的外壳加上鲜香的奶油馅，让每一口都回味无穷。

泡芙皮用料：

无盐黄油 / 60g
水 / 125g
低筋面粉 / 75g
鸡蛋 / 2 个
盐 / 1 小撮（约 3g）
白砂糖 / 1 小撮（约 3g）

奶油馅用料：

淡奶油 / 180g
白砂糖 / 30g

制作方法：

① 制作泡芙皮：黄油、水、白砂糖、盐放入小锅中，大火烧至沸腾，关火。

② 迅速筛入面粉，搅拌均匀，搅拌到面团光滑后，将锅再放到火上加热，边加热边搅拌至面团变干燥，形成团，能离开锅为止，关火。

③ 将面团倒入料理盆中，趁热将打散的蛋液分次加入锅中，每加一次都要搅拌均匀后再加入下一次，继续搅打面糊，直到变稠发亮，晃动刮刀时会滴落下来。

④ 用直径 1cm 的圆形花嘴将面糊挤在烤盘中，间隔要大一些。

⑤ 在每个顶端刷一点蛋液，用蘸过蛋液的叉子将泡芙顶端抹平，成圆形。

⑥ 烤箱 210℃预热，烤盘移入烤箱，烘 15 分钟，至面糊膨胀裂口，在将温度调至 180℃左右，烘焙 5 ~ 10 分钟。考好后取出，放在晾晒网上冷却。

⑦ 制作奶油馅：准备一盆冰水，将盛有淡奶油和白砂糖的料理盆坐到冰水里，用电动打蛋器低速搅打至奶油蓬发。打发的奶油装入裱花袋中。

⑧ 沿着泡芙略高一点的位置横着切开，挤入奶油馅，盖上泡芙皮即可。

Tips

1. 在制作泡芙的时候，一定要将面粉烫熟。烫熟的淀粉发生糊化作用，能吸收更多的水分。同时糊化的面粉具有包裹住空气的特性，在烘烤的时候，面团里的水分成为水蒸气，形成较强的蒸汽压力，将面皮撑开来，形成一个个鼓鼓的泡芙。

2. 在制作泡芙面团的时候，一定不能将鸡蛋一次性加入面糊，常常会因为面粉的吸水性和糊化程度不一样，需要的蛋量也不同。蛋液要分次加入，直到泡芙面团达到完好的干湿程度，也就是将泡芙面团用木勺挑起面糊，面糊呈倒三角形状，尖端离底部 4cm 左右，并且能保持形状不会滴落。

3. 烘烤之前刷一层蛋液或喷一点水，可以让面糊比较好膨胀。因为放入烤箱之后，表面最早开始变干，后来里面温度升高开始膨胀，如果外面的皮太干变硬的话就不好膨起来，所以先把表面弄湿可以让它不会太快变干。

4. 泡芙烤制的温度和时间也非常关键。一开始用 200℃ ~ 220℃的高温烘焙，使泡芙内部的水蒸气迅速暴发出来，让泡芙面团膨胀。等到膨胀定型之后，可以改用 180℃度，将泡芙的水分烤干，泡芙出炉后才不会塌下去。

5. 烤制过程中，泡芙膨胀还没有定型之前一定不能打开烤箱，因为膨胀中的泡芙如果温度骤降，是会塌下去的。

6. 泡芙的内馅最好是现吃现填，不然会影响外皮酥脆的口感。

奶茶酥皮泡芙

酥脆的外皮和浓郁的奶茶香气，带来愉悦的心情！

泡芙皮用料：

无盐黄油 / 60g
水 / 125g
低筋面粉 / 75g
鸡蛋 / 2 个
盐 / 1 小撮（约 3g）
白砂糖 / 1 小撮（约 3g）

酥皮用料：

无盐黄油 / 85g
白砂糖 / 80g
低筋面粉 / 100g

馅料用料：

蛋黄 / 3 个
白砂糖 / 40g
低筋面粉 / 25g
牛奶 / 250ml
伯爵茶包 / 2 个
淡奶油 / 150g

制作方法：

① 制作泡芙馅：馅料中的蛋黄与白砂糖混合，搅打至砂糖的颗粒感变弱以后，筛入低筋面粉，搅拌均匀。

② 牛奶加入伯爵茶包，熬煮浸泡成伯爵奶茶。将过滤后的茶汁倒入面粉糊中，搅拌均匀后倒入小锅中加热，一边加热一边搅拌，直到蛋糊变得粘稠厚重、有光泽为至。煮好的蛋奶糊倒入料理盆中，盖上保鲜膜，放入冰箱冷藏室冷藏备用。

③ 制作酥皮：酥皮馅料中的无盐黄油在室温下软化后搅打至顺滑，加入白砂糖，搅打至砂糖的颗粒感变弱后，筛入低筋面粉，搅拌至没有干粉，和成团，装入保鲜袋中，并擀成 3mm 的片状，放入冰箱冷藏室冷藏 1 小时以上。之后取出用直径 4cm 的圆形刻模刻成小圆片，刻好后放入冰箱冷藏。

④ 制作泡芙皮：做法详见奶油泡芙。

⑤ 用直径 1cm 的圆形花嘴将泡芙面糊挤在烤盘中，表面喷一些水，然后每个面糊团上盖一块刻好的酥皮片。

⑥ 烤箱 200℃预热，将烤盘移入烤箱，烘烤 15 分钟左右，至泡芙面团膨胀裂口，将温度调至 180℃，继续烘烤 10 分钟左右，取出，放在晾晒网上冷却。

⑦ 将馅料用料中的淡奶油打发，与之前做好的奶茶蛋糊混合搅匀，装入裱花袋中。

⑧ 烤好的泡芙皮沿 1/3 处横着剖开一个口，挤入奶油馅即可。也可以在泡芙皮底部扎一个小洞，将奶油馅从小洞中挤入。

食品造型: 小　禾

摄　　影: 秦　京

统　　筹: 麦　子